创新型素质教育精品教材

职业院校学生价值观养成

姜玉素　著

航空工业出版社

北　京

内 容 提 要

本书主要介绍了职业院校学生价值观养成的相关知识，全书共分八个项目，具体内容包括理想信念，人生明灯；爱家爱国，感恩生活；优良品德，美丽人生；自信自立，敢于担责；职业素养，成就事业；艺术欣赏，雅俗共赏；良好习惯，成功钥匙；爱护环境，持续发展。

本书图文并茂、生动有趣、富有感染力，可作为职业院校学生素质教育的教学用书，也可作为读物。

图书在版编目（ＣＩＰ）数据

职业院校学生价值观养成 / 姜玉素著. -- 北京 : 航空工业出版社, 2017.1（2023.1 重印）
ISBN 978-7-5165-1162-6

Ⅰ. ①职… Ⅱ. ①姜… Ⅲ. ①人生观－高等职业教育－教材 Ⅳ. ①B821-4

中国版本图书馆 CIP 数据核字(2017)第 013529 号

职业院校学生价值观养成
Zhiyeyuanxiao Xuesheng Jiazhiguan Yangcheng

航空工业出版社出版发行
（北京市朝阳区京顺路 5 号曙光大厦 C 座四层　100028）
发行部电话：010-85672663　　010-85672683

北京谊兴印刷有限公司印刷　　全国各地新华书店经售
2017 年 1 月第 1 版　　2023 年 1 月第 4 次印刷
开本：787×1092　1/16　　字数：256 千字
印张：14.25　　定价：38.00 元

编者的话

校园，是培养人才的一方净土，是人才成长的摇篮；学生，是民族的希望、祖国的未来，承载了家庭、社会的众多期望。然而，随着社会的发展，校园周边的环境日益复杂，校园逐渐成为了一个开放的小社会，学生面临着一系列的选择与竞争，在这种情况下，我们职业教育不仅要重视技能教育，还要重视价值观、思想品德、职业素养等方面的培养。

带着这样的思考，我着手编写了《职业院校学生价值观养成》，本书针对职业院校学生，从职业院校学生的特点出发，力求少些说教，以平等的态度、平视的目光，将想传递给学生的东西用通俗的语言描述出来。本书图文并茂、生动有趣、富有感染力，可作为职业院校学生素质教育的教学用书，也可作为读物。书中选取了很多故事，有的发生在我们身边，有的自网络改编，以求增强学生的阅读兴趣，帮助学生很好地理解一些比较抽象的问题，使他们在快乐阅读的过程中培养正确的价值观。

本书共分八个项目，具体内容包括理想信念，人生明灯；爱家爱国，感恩生活；优良品德，美丽人生；自信自立，敢于担责；职业素养，成就事业；艺术欣赏，雅俗共赏；良好习惯，成功钥匙；爱护环境，持续发展。

在编著过程中，我参阅了大量有关职业院校学生价值观养成的资料，在此，对这些资料的作者和编者表示衷心的感谢。

由于时间仓促，书中不尽如人意之处在所难免，恳请广大读者批评指正。

目录

项目一　理想信念，人生明灯

任务一　培养正确的价值观

学习目标

◈ 了解价值观、核心价值观与社会主义核心价值观的关系
◈ 了解正确价值观对职业院校学生的作用
◈ 了解社会主义核心价值观的内涵

寓言故事

渔夫在沙滩上晒太阳，一富翁走过来，对他说："你不该在这个时候晒太阳啊，现在正是捕鱼的好时光，此时出海，你可以捕到很多很多鱼。"渔夫说："捕到很多很多鱼，又怎么样？"富翁说："那样你就可以赚到很多很多钱。"渔夫问："赚到很多很多钱，干什么？"富翁说："那样，你就可以雇到很多很多人，帮你打鱼，还可以买到大渔船了啊。"渔夫问："雇到人，买了大渔船又怎么样？"富翁道："那样，你就不用出海打鱼，就可以在沙滩上晒太阳了啊。"渔夫回答："你看我现在在做什么？"

一、什么是价值观

所谓价值观，也叫价值取向，是人们关于什么是价值、怎样评判价值、如何创造价值等问题的根本观点。价值观的内容一方面表现为价值取向和价值追求，凝结为一定的价值目标；另一方面表现为价值尺度和准则，成为人们判断事物有无价值及价值大小的评价标准。价值观作为一种社会意识，它集中反映特定阶段社会的经济、政治和文化精神，体现人们对社会现实的总体认识、基

本理念和理想追求。价值观对人们自身行为的定向和调节起着非常重要的作用，它决定人的自我认识，并由此影响和决定一个人的理想、信念和生活目标。

二、正确价值观对职业院校学生的作用

（一）正确价值观能够帮助职业院校学生树立价值目标

一个人的价值观决定其所追求的价值目标。从内容上看，价值目标包含社会目标、道德目标和职业目标等。从层次上看，价值目标可依据人们对追求需要的程度分为高低不同的层次。有的人仅仅满足于保全自身而苟且偷安、庸庸碌碌、无所作为；有的人为了自身的名位而损人利己；有的人为了社会的进步而奋发进取甚至不惜生命。

一个人的价值目标确立越高，他对人生追求的责任感就越强，为实现价值目标所获得的精神动力就越大，意志就越坚强，人生价值实现的程度也就越高。青少年应树立正确的价值观，把正确的自我认知、自觉的道德养成和积极的学习实践结合起来，自觉倡导良好的社会风气。

生活实例

2014 年 4 月 4 日，宜都市殡仪馆。一位基层民警的追悼会，却来了 5 000 多干部群众，现场泪飞如雨。他叫胡钦春，生前为宜都市陆城派出所民警。2014 年 3 月 29 日 19 时 48 分，宜都市公安 110 接到报警：“市第一人民医院旁，有人被打。”陆城派出所迅速派胡钦春和同事朱泰林赶赴现场。两位民警到场后，发现 3 名嫌疑对象并盘问。其中，嫌疑人鄢某突然逃窜，胡钦春立即追赶，朱泰林则将另外两名嫌疑人控制。鄢某见胡钦春紧追不舍，慌忙钻入一条小巷。眼看要被抓获，鄢某突然掏出匕首朝胡钦春疯狂砍杀。胡钦春与歹徒展开殊死搏斗，鄢某一阵劈砍后逃窜。胡钦春随后被紧急送往医院抢救。经查，他的颈动脉、右胸腔等部位身中 7 刀。经医护人员全力抢救，终因失血过多，于次日

凌晨 2 时 50 分殉职。凌晨 5 时许，经大批警力实施围捕，鄢某在该市红花套镇落网。

胡钦春于 1996 年从警，参与办理治安案件 600 余起、刑事案件 180 余起，曾先后被评为社会治安综合治理先进个人、“十佳办案能手”。41 岁的生命戛然而止，胡钦春用热血为“警魂”做了最好诠释。

（二）正确价值观能够帮助职业院校学生提升道德素养

正确的价值观是追求真善美的价值观，中华民族是自强不息、厚德载物的民族，人们心底蕴藏着善良的道德意愿和道德情感，这是提升青少年道德素养最深厚的土壤。吴菊萍、张丽莉、吴斌……一个个闪亮而朴素的名字，大家耳熟能详；袁隆平、钱学森、朱光亚……一个个厚重而耀眼的大家，我们油然而生敬意。他们的故事感动人心，甚至让人为之掬泪。认同一个个感动中国的人就是认同他们身上的美德，比如敬业、友善，也是认同他们所承继和张扬的价值观。

生活实例

2011 年 7 月 2 日，在杭州白金海岸小区，两岁的妞妞从 10 层高楼不慎跌落。此时恰巧路过的吴菊萍看到这一幕，毫不迟疑，踢掉高跟鞋，伸出双臂接住了孩子。妞妞得救了，可强大的冲击力令吴菊萍当场昏迷，左手臂多处骨折。这一被吴菊萍自谦称为发乎“本能”的行为引起社会上热烈的反响，她被大家赞誉为“最美妈妈”，继而被选为社会公益大使，党的十八大代表。

（三）正确价值观能够促进职业院校学生全面健康发展

德智体美等全面发展是青少年成才的标准。当前，伴随着我国经济体制的变革、社会结构的变动和思想观念的变化，当代青少年的思想观念和价值取向也出现了新特点。在一些青少年眼里，似乎一切存在的都是合理的，比如“及时行乐”“金钱至上”“个人主义”等，都被他们看成个人可以自由选择与追求的价值取向，别人无权干涉。青少年思想方面存在问题的原因是多方面的，而价值观偏离正确方向是重要原因。提升青少年的思想道德素质，促进青少年全面发展，首先应加强正确的价值观教育。

生活实例

英国《太阳报》曾以“在这个世界上谁最快乐”为题做过一次有奖征答，在数万个应征答案中评出了4个最佳答案。他们是：作品刚完成，自己吹着口哨欣赏的艺术家；正在筑沙堡的儿童；忙碌了一天，为婴儿洗澡的妈妈；千辛万苦做完手术，终于挽救了患者生命的医生。

三、社会主义核心价值观的形成

在长期生活过程中，人的不同价值选择就形成了各种各样的价值观及其体系。社会价值体系是一个社会中存在的各个层次、各个方面的价值观的总和，是一个包括价值取向、价值追求、价值尺度和价值原则等内容的综合体系。其中处于主导地位或核心地位的价值体系就是核心价值体系，起主导和支配作用的价值观就是核心价值观。

从历史上看，封建主义社会和资本主义社会都总结出了适应自身制度形成和发展需要的核心价值观，成为维系社会运转的精神支撑。科学社会主义思想产生至今已有160多年的历史，社会主义作为更高的社会形态，在社会运动进程中需要也应当形成自身的核心价值观。我国社会主义制度的确立和中国特色社会主义的伟大实践，为深化社会主义在价值层面的认识提供了根本前提，同时又为社会主义核心价值观的理论概括提出了新要求。党的十六届六中全会首次明确提出了建设社会主义核心价值体系的重大命题，强调要建设社会主义核心价值体系，但是社会主义核心价值体系的生命力在于大众化。要想大众化，首先需要通俗化，也就是说需要凝练为言简意赅、通俗易懂的“社会主义核心价值观”。大众化和通俗化的关键是个“化”字，化就是变化，即适合广大群众需要，变化成广大群众的一部分。社会主义核心价值体系只有通俗化、大众化，才能发挥它应有的作用。

在多元文化和多种价值观并存的条件下，原有的价值理念和道德标准受到了严峻挑战，一些原本十分清楚的价值观又受到了质疑，致使一些人在价值评价和行为选择上感到迷茫困惑，甚至无所适从。全党和全国人民迫切需要概括形成普遍一致、广泛公认、催人奋进的社会主义核心价值观，以帮助人们自觉地去改造主观世界和客观世界，不断将中国特色社会主义伟大事业推向前进。

党的十七届六中全会之后，各地广泛进行的形式多样的有关核心价值观的大讨论活动表明，概括和凝练社会主义核心价值观是人们对社会主义核心价值体系建设的热切期盼，而且人们已经把这种期盼付诸实践，纷纷提炼出富有当地特色的表征核心价值观的主题词或表述词，显示了人们对培育社会主义核心价值观的实际成果。但是，要凝练体现社会主义核心价值体系的本质要求，体现优秀文化传统和时代精神要求，为民众所广泛认可的社会主义核心价值观并非易事。继党的十七届六中全会之后，经过了一年多进一步调研和慎重考虑，党的十八大在社会主义核心价值体系概念的基础上，以倡导的形式，明确提出了24个字的社会主义核心价值观的表述——倡导**富强、民主、文明、和谐**，倡导**自由、平等、公正、法治**，倡导**爱国、敬业、诚信、友善**，积极培育和践行社会主义核心价值观。三个倡导、24个字从国家、社会、个人三个层面进行了高度概括，提炼出社会主义核心价值观。

四、社会主义核心价值观的内涵

以“三个倡导”为主要内容的社会主义核心价值观，从不同层面规范了国家、社会和公民的核心价值追求。

“富强、民主、文明、和谐”体现了中国特色社会主义的价值目标，是立足国家层面概括出来的社会主义核心价值观。其基本要义是：

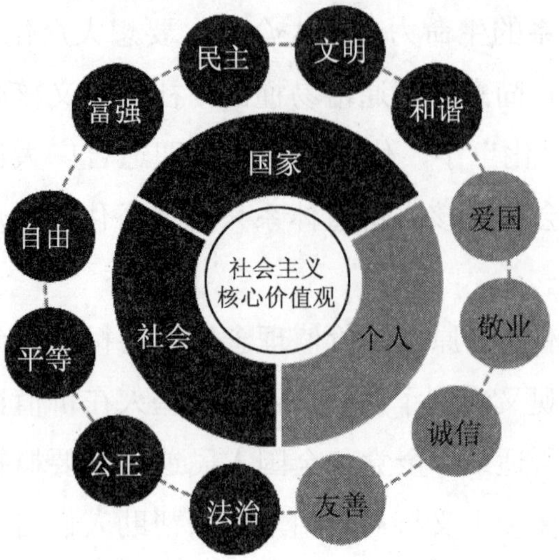

通过经济建设，科学发展，促进国家越来越富强；坚持和完善党的领导，依法治国，人民当家作主，民主选举，民主决策，民主管理，民主监督，促进政治上越来越民主；人民文化权益得到保障，文化生活丰富多彩，文化素质全面提高，整个社会越来越文明；社会和生态越来越和谐。

“自由、平等、公正、法治”是立足社会层面概括出来的社会主义核心价值观。其基本要义是：

自由就是要保证人民依法享有广泛的权利和自由，充分保障人身权、财产权和基本政治权利，促进人的全面发展；平等、公正就是要克服特权思想，并从根本制度上保证公民在法律和制度面前人人平等，党员在党章和党纪面前人人平等，保证权利公平，规则公平，机会公平，教育公平，分配公平等；法治是治国理政的根本方式，要坚持有法必依、执法必严，违法必究的基本原则，弘扬科学立法、严格执法、公正司法、全民守法的法治精神。任何组织或者个人都不得有超越宪法和法律的特权，绝不允许以言代法、以权压法、徇私枉法。

“爱国、敬业、诚信、友善”体现了社会主义国家公民的基本价值追求和道德准则要求，是立足公民层面概括出来的社会主义核心价值观。

任务实施

案例讨论

一个五岁的孩子用两分钟就把撕碎的世界地图完整拼摆好了。父亲看到孩子拼图速度这么快，惊呆了。儿子对惊诧的父亲说：“地图背面是一个人的脸像，只要把人拼对了，世界就对了。”

讨论：

是的，人对了，世界就对了。那么，你想成为一个什么样的人？你该如何践行社会主义核心价值观，并将之融入一生呢？

任务二　理想和信念的意义

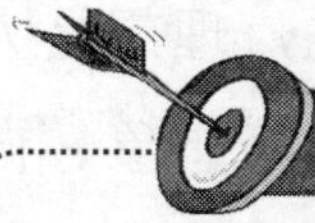

学习目标

- ◈ 了解理想和信念的含义
- ◈ 了解理想和信念对社会的意义
- ◈ 了解理想和信念对人生的意义
- ◈ 了解理想和信念对学生的意义

在论及理想信念时，海伦·凯勒有这样一句非常形象而生动的话：“当一个人感觉到有高飞的冲动时，他将再也不会满足于在地上爬。”她接受了生命的挑战，创造了生命的奇迹。她，一个盲聋哑的弱女子竟然毕业于哈佛大学德克利夫学院，并用生命的全部力量奔走呼告，建起了一家家慈善机构，为残疾人造福，并由此被评选为20世纪美国十大英雄偶像。对她来说，理想和信念像熊熊燃烧的烈火使她走出黑暗、走出死寂；理想和信念像巨大的羽翼，帮助她飞上云天。

从某种意义上说，人不是活在物质世界里，而是活在精神世界里，活在理想与信念之中。对于人的生命而言，要存活，只要一碗饭，一杯水就可以了；但是要想活得精彩，就要有精神，就要有远大的理想和坚定的信念。

一、认知理想和信念

（一）理想的含义

理想是人们在实践中形成的、有可能实现的、对未来社会和自身发展的向往与追求，是人们的世界观、人生观和价值观在奋斗目标上的集中体现。

理想的两个层面。首先，理想是人们对未来社会和自身发展的美好想象、向往与追求，如成为科学家，家庭富裕幸福，国家繁荣富强等。这是理想的第一层含义。其次，理想所向往与追求的“美好未来”是一种“合理”的想象和向往。所谓“合理的”，就是合乎理性、合乎规律、有实现可能性的想象和向往，也就是说理想不是空想、幻想和臆想。这是理想的第二层含义。

生活实例

毕业于职业学院的马滔在读书期间，不像有的同学那样自觉卑微、沉迷网络、消耗时光。对理论学习和实训都非常认真与专注，你能感觉到有一股内在的动力在推动着他。老师对此饶有兴趣，渐渐地发现他无论做什么都思路清晰，有计划、有安排、有方向感、有条有理。在一次闲聊中，老师问他对未来有什么想法和规划？马滔说：“在学校，我要苦练技术，争取参加省级以上大赛，并且获得好成绩，这样我就能找到一份满意的工作；毕业后，我希望向能工巧匠学习，尽快适应岗位环境，凭借扎实的技术在单位立足。我相信一招鲜，吃遍天，技术工人也能过上体面的生活。”他的目标简单而清晰。果然，在校期间，凭借自己的刻苦训练，代表学校参加湖南省数控大赛获得学生组数控车第一名。毕业分配到中航工业南方公司，两年后代表公司参加湖南省数控大赛，又获得职工组比赛第一名，还在原中航二集团技能比赛中独占鳌头，并获得全国技术能手光荣称号。崭露头角的他很快被公司委派到欧洲学习，而且经常到全国各地解决技术问题，成为该公司最年轻的高级技师。

（二）信念的含义

信念是认识、情感和意志的有机统一体，是人们在一定的认识基础上确立的对某种思想或事物坚信不疑并身体力行的心理态度和精神状态。

能使我们为之奋斗的东西，叫作理想；而实现理想所必需的东西，却是信念。

理解的两个要点：首先，信念是知、情、意、行的有机统一体，即它以认识为基础，以情感为支撑，以意志为保证，以行动为表征。其次，信念是一种全身心的认同和接受。“信”是其本质特点，信与行的统一是其重要特征。

生活实例

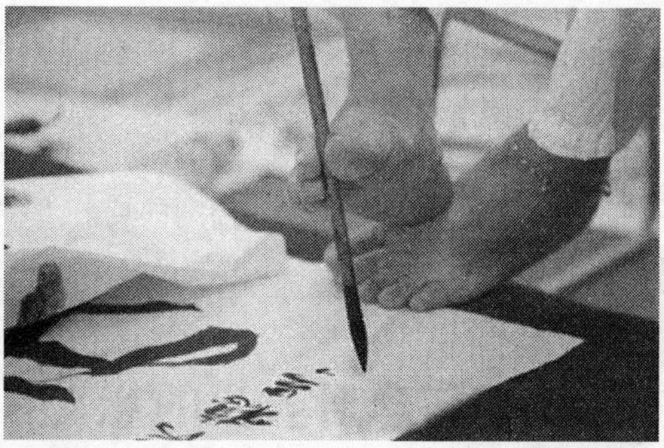

6 岁时姚伟因一场电击事故失去了双臂。

姚伟说，小时候的梦想就是学会写字，享受校园生活的乐趣。为了能上学，没有双臂的他，开始练习用嘴咬着铅笔学写字。眼睛距离书本太近，练习时间稍长，便头晕目眩。更令人伤心的是，当他好不容易写出了几行歪歪扭扭的字时，却被顺着笔杆禁不住流下的口水浸湿了。

用嘴写字行不通，他就开始想办法尝试用脚来写字。寒冷的冬天，裸露在外的双脚冻得又红又肿，经常裂开了血口……就这样，经过一年多不懈努力，他终于能用双脚写字了，也如愿以偿地走进了校园。从小学到中学，青春梦想一直伴随他前行，直到走进象牙塔。大学毕业后他开始从事残联文化宣传工作。几年间，他采写并发表了300多篇反映残疾人事业成就的文章，多次获得全国及省市残疾人事业好新闻奖，还先后参与创建了 5 个残疾人社团组织，动员社会各界为残疾人事业捐款捐物已累计突破百万元。身体上的残缺并没有让他自暴自弃，梦想让他的人生焕发出无限光彩，而坚持不懈的惊人毅力给他的梦想放飞装上了翅膀。

（三）理想和信念的关系

理想是信念的根据和前提，信念则是实现理想的重要保障。信念是对理想的支持，是人们追求理想的强大动力。

当理想作为信念时，它是人们确信的一种观点和主张；当信念作为理想时，它是与奋斗目标相联系的一种向往和追求。

二、理想和信念对社会的意义

社会需要人们有坚定的理想、信念、信仰来做人们内在的法律，来统一人们的价值观、世界观；来告诉人们坚持什么，摒弃什么；教人们学会敬畏，懂得规矩；帮人们坚定意志，平息不忿，化解疑虑，安定人生。

社会需要人们有坚定的理想、信念、信仰来维系社会基本道德水准，防止道德沦丧。没有坚定的理想、信念、信仰，社会道德将不断下滑，且没有基本的道德底线。

三、理想和信念对人生的意义

（一）理想信念指引人生的奋斗目标

理想信念对人生历程起着导向的作用，是人的思想和行为的定向器。理想信念一旦确立，就可以使人方向明确、精神振奋，不论前进的道路如何曲折、人生的境遇如何复杂，都可以使人透过乌云和阴霾，看到未来的希望和曙光，永不迷失前进的方向。

名人风采

陈胜就是一个有理想的人，早年他跟周围的人说："苟富贵，勿相忘。"意思是说，我们以后谁要是富了，别忘了一起干活的伙伴。众人笑话他：一个种地的人，哪来的富贵。陈胜说："燕雀安知鸿鹄之志哉"，即目光短浅的人，怎么知道有远大理想的人的志向。后来，陈胜终于成了我国历史上第一个农民起义的领袖，名垂千古。

知识链接

如果说社会是大海，人生是小舟，那么理想信念就是引航的灯塔和推进的风帆。没有科学理想信念，社会就会缺乏基本的道德底线和约束；没有科学理想信念的人生，就像失去了方向和动力的小船，人在生活的波浪中随处漂泊，甚至会沉没于激流之中。

（二）理想信念提供人生的前进动力

理想信念是激励人们向着既定目标奋斗进取的动力，是人生力量的源泉。一个人有了坚定正确的理想信念，就会以惊人的毅力和不懈的努力，成就事业、创造奇迹。特别是当人们在人生中遇到困难和挫折时，理想信念是激励人们迎接挑战、克服困难的精神支撑和强大力量，它激励人们克服困难、永不放弃。

生活实例

一个年轻人正值人生巅峰时却被查出患了白血病，无边无际的绝望一下子笼罩了他的心，他觉得生活已经没有任何意义了，拒绝接受任何治疗。

一个深秋的午后，他从医院里逃出来，漫无目的地在街上游荡。忽然，一阵略带嘶哑又异常豪迈的乐曲吸引了他。不远处，一位双目失明的老人正把弄着一件磨得发亮的乐器，向着寥落的人流动情地弹奏着。还有一点引人注目的是，盲人的胸前挂着一面镜子！

年轻人好奇地上前，趁盲人一曲弹奏完毕时问道："对不起，打扰了，请问这镜子是你的吗？"

"是的，我的乐器和镜子是我的两件宝贝！音乐是世界上最美好的东西，我常常靠这个自娱自乐，可以令我感受到生活是多么的美好……"

"可这面镜子对你有什么意义呢？"他迫不及待地问。

盲人微微一笑，说："我希望有一天出现奇迹，并且也相信有朝一日我能用这面镜子看见自己的脸，因此，不管到哪儿，不管什么时候，我都带着它。"

白血病患者的心一下子被震撼了：一个盲人尚且如此热爱生活，而我……他突然彻悟了，又坦然地回到医院接受治疗，尽管每次化疗他都会感受到死去活来的痛楚，但从那以后他再也没有逃跑过。

他坚强地忍受痛苦的治疗，奇迹终于出现，他恢复了健康。从此，他也拥有了人生弥足珍贵的两件宝贝：积极乐观的心态和屹立不倒的信念。

（三）理想信念提高人生的精神境界

理想信念作为人的精神生活的核心内容，一方面能使人的精神生活的各个方面统一起来，使人的内心世界成为一个健康有序的系统，保持心灵的充实和安宁，使人怀抱希望和梦想，避免内心世界的空虚、绝望和迷茫；另一方面又引导着人们不断地追求更高的人生目标，提升精神境界，塑造高尚人格。一个人的理想越崇高，信念越坚定，精神境界和人格就会越高尚。

生活实例

比尔·盖茨在访问北京师范大学附属实验中学时，一位高中生问他：你的理想是什么？比尔·盖茨说："我从小的理想就是把计算机做成一个完美的工具。这也是我毕生的追求。现在，我已经走完了一半的路程，我希望，我最终结束工作的时候能够完全实现这样一个理想。"

比尔·盖茨花了三十年时间，在追求理想的道路上走完了"一半"的路程。现在全世界已经有成千上万的人在追随和分享着他的理想。成功如斯，比尔·盖茨依然在为实现理想奋斗，这样的人想不成功都难。

四、理想和信念对学生的意义

在看到别人已经有优质的待遇而你还在为工作而烦恼时有没有想过这其中的原因。因为你从一开始就没有明确自己的理想与信念，毫无方向地走着如何才能到达目的地。调查发现只有少部分职业院校学生在学校期间可以明确自己的理想信念，他们没有了解树立崇高的理想信念对职业院校学生的意义。

（一）带领学生走出迷茫与无助

理想信念就是黑暗中的一束光线，它带领着你走出黑暗。"哀莫大于心死"这里的心死就是指的是没有理想信念，若一个人没有了理想信念他的生命就像是一个没有灵魂的躯壳。树立崇高的理想信念就是首先在思想上提升了自己。明确了自己未来的道路。尤其是职业院校学生，面临的选择多而杂乱，突然来到新校园产生了不适应。迷茫与无助也就此产生，这就更加需要一个正确的理想信念带领职业院校学生走出迷茫走入光明。

名人风采

海伦·凯勒出生在美国。她在一岁多的时候，因为生病，眼睛看不见了，并且又聋又哑。她完全生活在一个黑暗沉寂的世界里，因此，海伦的脾气变得非常暴躁，动不动就摔东西。她家里人都很爱她，见到这种情形非常痛苦。最后，决定给她请一位家庭教师。这位家庭教师叫朱丽文小姐，她对海伦很有耐心。终于，海伦在她的帮助和教育下，逐渐改变了。她明白每个人都很爱她，所以她不能辜负他们对她的期望。海伦利用仅有的触觉、味觉和嗅觉来认识四周的事物，努力让自己掌握最基本的知识。海伦·凯勒虽然听不到、看不见、说不了，但是她克服了不幸，完成了大学教育。她的第一本著作《我的一生》，轰动了全美国，后来传遍全世界。她大学毕业后积极从事教育残缺儿童的社会工作，这种努力上进的精神，值得世人敬佩，应该说海伦·凯勒是一个身残志坚的人。

（二）是人的行为指南

理想与信念指引着人生活的方向，是人的行为指南。理想是世界观、人生观和价值观在奋斗目标上的集中体现。换句话说一个正确的理想反映着你的世界观、人生观和价值观。在一定意义上，理想与信念影响着你的行为。它不是主观臆想，是在社会实践的基础上，对社会历史发展的正确把握，因而对人们有巨大感召力，对人行为有指导作用。

人没有理想是可怕的。没有理想就像航行中没有了航标灯，前途一片茫然。明确崇高理想与信念有利于我们有条理的生活学习，控制我们的行为，使我们不至于脱离目标航线。

知识链接

理想信念是职业院校学生成长成才的重要条件，它引导我们做什么人；它指引我们走什么路；它激励我们为什么学。

（三）支撑生活的内在动力

理想与信念是人生活的内在动力，是人力量的源泉。而身为职业院校学生有了崇高的理想与信念，明确学习的目的与意义，激发起为国家富强、民族振兴和自身成才而努力的强烈责任感与使命感。当人有了明确的理想与信念时，他的潜力会被激发出来并被放大。他们用顽强的精神和优秀的性格帮助自己做出正确的抉择，用顽强的毅力和执着的勤奋去执行自己的规划，天下没有免费的午餐，没有付出绝对没有回报。而在付出的过程中肯定有许多意外，当所有人否定你努力时，当所有人你嗤之以鼻时，当你自己都要坚持不下去时？是什么支撑着你？就是明确的理想与坚定的信念。它是你的内在动力。一个人如果没有崇高的理想信念就有可能浑浑噩噩，庸庸碌碌，虚度一生，甚至腐化堕落，走上不归路。

（四）丰富精神世界

理想与信念都是一种精神现象，世界是由物质世界与精神世界构成的。理想与信念指引我们生活的同时也丰富了我们的精神世界。一方面，崇高的理想与信念可以洗涤我们的心灵，使内心世界成为一个健康有序的系统，保持心灵的充实与安宁，避免了内心的空虚与迷茫。另一方面，它能引导我们的行为，指引我们的方向从而提升精神世界，塑造高尚的人格。一个人的理想越崇高，信念越坚定。

名人风采

北山有位老汉，人称愚公，年近九十岁。他家门前有两座大山，一座叫太行山，一座叫王屋山。一天，愚公召集全家老少，同他们商量：“咱们家门前这两座山多年来一直阻碍我们的出入，十分不方便，我想跟你们尽一切力量削平这两座大山，开一条直接通往山外的大路，你们看好不好？”家里人都赞成。只有他的妻子提出疑问，她说：“这两座山那么大，你们这么几个人怎么挖得动呢？再说，挖出来的那些石块、泥土又往哪里送呢？”愚公说：“这个好办，把挖出来的石头、泥土投到渤海里，再多也不愁没地方放。”

第二天，愚公就带领着全家老小动手挖山。离愚公家不远住着一个老人，叫智叟。他看到愚公他们辛辛苦苦挖山运土，就跑来劝告愚公：“你们挖山干什么呀，你年纪这么大了，还能活几天？你用尽力气也拔不动山上的几根草，怎么能搬得动这么大的山呢？”愚公坚定地说：“不错，我是老了，活不了几年了，可是，我死了还有儿子，儿子又生孙子，子子孙孙传下去，是无穷无尽的。这两座山却不会再长高了，挖一点就会少一点，我们为什么不能把它挖平呢？”听了这话，智叟无话可说。愚公坚持不懈的精神感动了天公，天公派来大力神帮助愚公移山，终于搬走了大山。

（五）实现社会价值的要求

当今世界的发展就是要依靠当代青少年的努力。崇高的理想信念是实现社会价值与中华民族伟大复兴的要求。在改革开放的建设中，国家为当代职业院校学生提供了广阔的舞台，这就要职业院校学生明确自己的理想信念，加强自身修养，全面发展，并为之努力着，肩负起实现民族复兴国家富强的伟大任务。

任务实施

案例讨论

一天，法国著名画家纪雷参加一个宴会，宴会上有个身材矮小的人走到他面前，向他深深一鞠躬，很诚恳地说：“您能收我当徒弟吗？我很想跟您学画画。”纪雷朝那人看了一眼，发现他是个缺了两只手臂的残疾人，就婉转地拒绝他，并说："学习画画是一件很辛苦的工作，我想你画画恐怕不太方便吧。"可是那个人并不在意，立刻说："不，我虽然没有手，但是还有两只脚，用双脚我照样可以画画。"说着，便请主人拿来纸和笔，坐在地上，用脚趾头夹着笔画了起来。他虽然是用脚画画儿，但是画得很好，可见是下过一番苦功的。在场的客人，包括纪雷在内，都被他的精神所感动。纪雷很高兴，便收他为徒。这个矮个子自从拜纪雷为师之后，更加用心刻苦地学习，因此进步的速度很快，没几年的工夫便学有所成，他就是著名的无臂画家杜兹纳。

讨论：

为什么缺了两只手臂的杜兹纳能成为著名的画家，你从他身上学到了什么？

拓展阅读与思考

阅读材料一：莫虚度今天

在人生奋斗的过程中，我们多了几分挣扎与无奈。我们不时慨叹活得太累，却始终没明白之所以太累的原因。我们活得太累，是因为我们所做的并非我们所愿的，我们自以为成熟的目标，却是个体对社会现实的妥协标志，更何况，在成长的历程中，有多少不同的外界事物在影响着我们思想的轨迹。小时候曾做的科学梦，往往因资质所限、家庭之难而成为自己可笑的幼稚。一个念头可以改变一个人的一生，在世界上也不是鲜有其事。从幼小步入成熟，从校园步入社会，这中间由于社会人生经历的缺乏，本身就已注定了对自己形象设计时的粗糙与脆弱。在被称为可塑造的年龄中，我们的思想容易被外界所左右。即使当我们已经步入成熟，随着理性与情感的冲突，世俗追求与崇高超越的碰撞，我们的理想也将不断地发生变化。于是在观望中，我们的目光游离不定，我们的烦恼随之而来。我们的要务不是望着远方模糊的事物，而是要做好手边清楚的事情。一步一个脚印，踏踏实实地向未来迈去。我们需要理想，但我们不能沉浸于理想中。抓紧现在的时间，莫虚度今天，因为它再不回来。

学习与探究

学生阐述观点：

教师点评观点：

学生进行总结：

阅读材料二：新航道胡敏的故事——从倒数第一到高考状元

少年时期，是一个人开始认识自我、发现自我的时期。就是在那时，我非常幸运地遇到了一个人，他从真正意义上改变了我的人生轨迹，帮助我发现了自己的潜力，并给了我一个努力的方向。

这个人，就是我高一时的英语老师陈春安。我们的相识非常具有戏剧性。我上初中时，他的夫人王玉梅曾是我的班主任。为了一件事我在他家大吵大闹，甚至胆大包天地掀翻了煤灶。这个举动连我自己都被吓呆了，愣在那里，心里知道闯了大祸。此刻陈老师正在窗台上挂窗帘，我就等着他一个箭步跳下来，给我一拳。那时在乡下学校，老师打学生是一件再平常不过的事，何况这个学生还掀翻了老师家的煤灶。可是陈老师不但没有冲下来揍我，反倒对我笑了一下。我更加害怕，把他的表情当成了狞笑，心想：“不会有更可怕的惩罚在等着我吧？”结果出乎意料，什么都没有发生，我只是被批评了一顿。

我升入高中时，再一次与陈老师相遇。他教英语，后来我听说他是一名转业军人，凭着自学成才做了教师。有时我到他家，看见墙上挂满了当时难得一见的英文报刊，他则旁若无人地对着它们大声朗读。那时我的英语还停留在用中文注释发音的水平上，听着他的朗读，感觉他是那么潇洒，那么令人肃然起敬。

第一次期中考试结束后，陈老师在班级为英语考试前几名举办了一个颁奖典礼，奖品是县城里唯一能够买到的英语学习资料——英语广播教材。我在下面羡慕地看着同学一个个上台领奖。颁奖结束，陈老师宣布：“期末考试后我还要奖励一批取得好成绩的学生，希望大家努力学习，到时候我会亲自把奖品交到你们手中。”说这话时，他的眼睛一直看着我，我一下子明白了，原来他是在鼓励我好好学英语，争取获得期末的奖品。这使我顿时热血沸腾。从小除了父母之外，几乎所有人都没有对我抱过什么希望，我的心中充满了自卑，现在陈老师用他的眼神和语言向我传达了一个信息：你有能力，你能成功！我心里暗暗发誓：一定不能辜负他的希望，一定要学出点样子给他看看。

从此我发疯一样地学起了英语，认真地一点点啃，一点点学。我知道自己并不比别人聪明，所以别人看一遍书，我就看两遍、三遍；别人做完卷子向旁边一放，我则把答案一盖，再做上几遍。

期末考试结束后的一天，陈老师叫住了正准备回家的我：“胡敏，晚上到我家里来一趟，我和王老师要去县城看电影，你帮我们看一下家。”

晚上我准时到了陈老师家，谁知他指着桌上的一堆卷子说：“今天让你来，是让你批两个班的卷子。”

我吃了一惊，不敢相信地问：“我？我行么？”

“怎么不行？”陈老师说：“你的答卷就是标准答案。”第一次听到这么高的评价，我的心激动得好像马上要燃烧起来，我简直不知道该说什么。

更大的奖励还在后面。当我伏在桌上批卷子时，班里的同学都跑了过来。

原来陈老师故意放出风去，说我正在批全班的考卷，性急的同学都挤在陈老师家的窗前，在外面冲我喊："胡敏，我的卷子批完了么？多少分？"

当你相信自己能创造奇迹时，当你为创造奇迹付出奇迹般的努力时——奇迹就此产生。这次经历不但使我体验到了什么是成功，更让我体验了追求成功过程中那种快乐的感觉。从此之后，我只要看到英语单词就会不由自主地激动，就会把它反复不断地背下来，直到它真正属于我。

教了我一年英语之后，陈老师被调到地区师范专科学校。临行前他专门找我谈了一次话："胡敏，你一定要到县一中去读书，那里的教学质量是全县最好的，你有潜力，一定能考上大学。"他的这句话将另外一种人生展现在我面前。那时刚恢复高考不久，"大学"这两个字在一个少年的眼里是那么的陌生和金光四射！

"我能考上大学么？"我怯怯地问自己。

"我一定能考上大学！"我自信地回答。

经过努力，我终于转入了县一中。办完转学手续，我兴冲冲地参观校园，却发现贴在墙上的成绩榜上，我的姓名排在最后一名，当时我真恨不得地上有个洞钻进去。心头的"地震"稍许平息后，我找到班主任，向她要了一份所有同学的名单，把它放在书包里，开始发奋苦读。同学们全都休息的时候，我不休息；其他人出去玩的时候，我不出去。我知道自己现在的位置，更知道自己拥有的时间——离高考仅剩短短的一年。当时学习资料少，我就把所能找到的课本、工具书和卷子拿过来一遍遍地看、一遍遍地做，有的时候看得眼睛都花了，一行字看成几行。高中时代正值青春花季，有些情窦初开的男生女生偷偷约会，我朦朦胧胧感觉到也有女孩子向我"放电"。可是我的目标只有一个：考上大学。为了这个目标我甘愿放弃享乐，去做学习路上的苦行僧。因为我知道我已面临人生路上的关键时刻，我必须用最后的冲刺决定未来。

我在战略上背水一战，战术上步步为营。每一次班上考试之后，我都可以超过几个同学，这时候我就把那份花名册从书包里拿出来，把考在我后面的几个同学的名字从上面划去。我并不奢望自己成为最好，但我知道自己每一天都在进步，每一天都在离目标更近一点。

高考成绩公布那天，所有同学和家长口中都念叨着一个名字：胡敏。因为他们听到了一条新闻：有一个叫胡敏的学生从转学到一中时的最后一名，在短短一年时间里一跃成为全县英语高考“状元”。收到录取通知书的当天我给陈老师写了一封信，把这个消息告诉了他。当时他已经凭着多年自学考上了东北师范大学的研究生，并在不久之后被英国皇家语言学会吸收为会员。半个月后我收到了他的回信，其中一段话，使我热泪盈眶：

“当年你掀翻我家的煤灶，学校专门为此开了一个会，会上决定把你开除。征求我的意见时，我坚决不同意，我说：‘人生几十年，谁能料定！’你果然没有辜负我的期望，终于长成了一棵树。”

“人生几十年，谁能料定！”这句话从那一天起成为了我一生的座右铭。它伴随着我、鼓励着我，从家乡中学走进湘潭大学，从湘潭大学考进上海师范大学，闯荡北京，走进国际关系学院，在中国民办教育的浪潮里奋力拼搏，直到今天创立新航道……

学习与探究

学生阐述观点：

教师点评观点：

学生进行总结：

项目二　爱家爱国，感恩生活

任务一　热爱家庭，感恩父母

学习目标

◈ 了解家什么

◈ 能够孝敬长辈、关爱父母

黄香小时候，家中生活很艰苦。在他九岁时，母亲就去世了。他本就非常孝敬父母，母亲去世后，他对父亲更加关心、照顾，尽量让父亲少操心。

冬夜里，天气特别寒冷。为了让父亲少挨冷受冻，他读完书便悄悄走进父亲的房里，给他铺好被，然后脱了衣服，钻进父亲的被窝里，用自己的体温温暖了冰冷的被窝之后，才招呼父亲睡下。

夏天到了，天气格外闷热，而且蚊蝇很多。黄香为了让父亲休息好，晚饭后，总是拿着扇子把蚊蝇扇跑，然后还要扇凉父亲睡觉的床和枕头，使劳累了一天的父亲能早些入睡。

黄香用自己的孝敬之心暖了父亲的心。黄香温席的故事也传扬开来。他长大以后，人们说："能孝敬父母的人，也一定懂得爱百姓，爱自己的国家。"事情正是这样，黄香后来做了地方官，果然不负众望，为当地百姓做了不少好事，他孝敬父母的故事也千古流传。

一、家是什么

家是一个人遮风避雨的港湾，家有父母的慈爱、家庭的温暖，家是幸福和快乐的，家是温馨和甜蜜的，家是美好的，有爱才有家、有家就有爱，从我到我们共同组建一个家庭、是释放心灵的窗口，没有一处地方比得上家的温暖、宁静、舒适和随意。家拒绝孤独和生疏，家总是让人感到亲切。你出门的时候什么都可以不带，钥匙却一定得带上。因为家是你必须回来的地方。而钥匙叮当的细语也时常告诉你：别走远了，你有一个很舒心的家呢！

家是一个小小的自由王国。没有一处地方比得上你在家里活得真实。同在一个屋顶下的人总是最知心、最理解、最可以放纵自己的情感的人。在家里你只需要扮演好一个人的角色——你是父母的儿女，你是儿女的父母。这些人长相厮守你很熟悉了，所以在家里你可以纵情地唱，放肆地笑，痛快地骂，开心地乐。一个家庭真正的财富在于家庭成员之间的和美与人格健康。许多富绰的家庭破裂了，也就是坍塌了家的这种本质的精神。所以，不是所有的家庭都富有，但却是所有的家庭都可能幸福。

拓展阅读

家是什么？

作为被人呵护的儿女时，父母在的地方，就是家。早上赶车时，有人催你喝热腾腾的豆浆。天若下雨，他坚持你要带伞。烫的便当塞在书包里，书包拎在肩上，贴身还热。周末上街时，一家四五口人可以挤在一辆机车上招摇过市。放学回来时，距离门外几尺就听见锅铲轻快的声音，饭菜香一阵一阵。晚了，一顶大蚊帐，四张榻榻米，灯一黑，就是黑甜时间。兄弟姊妹的笑闹踢打和被褥的松软裹在帐内，帐外不时有大人的咳嗽声，走动声，窃窃私语声。朦胧的时候，窗外丝缎般的栀子花香，就幽幽飘进半睡半醒的眼睫里。帐里帐外都是一个温暖而安心的世界，那是家。

和人做终身伴侣时，两个人在哪里，哪里就是家。曾经是异国大学小城里一间简单的公寓，和其他一两家共一个厨房。窗外飘着陌生的冷雪，可是卧房里伴侣的手温暖无比。后来是一个又一个陌生的城市，跟着一个又一个新的工作，一个又一个重新来过的家。几件重要的家具总是在运输的路上，其他就在每一个新的城市里一点一点添加或丢弃。墙上，不敢挂什么真正和记忆终生不渝的东西，因为墙，是暂时的。在暂时里，只有假设性的永久和不敢放心的永恒。家，也就是两个人刚好暂时落脚的地方。

一有儿女，家，就是儿女在的地方。天还没亮就起来做早点，把热腾腾的豆浆放上餐桌，一定要亲眼看着他喝下才安心。天若下雨，少年总不愿拿伞，因为拿伞有损形象，于是你苦口婆心几近哀求地请他带伞。他已经走出门，你又赶上去把滚烫的便当塞进他书包里。周末，你骑机车去市场，把两个女儿贴在身后，一个小的夹在前面两腿之间，虽然挤，但是女儿的体温和迎风的笑声甜蜜可爱。从上午就开始盘算晚餐的食谱，黄昏时，你一边炒菜一边听着门外的声音，期待一个一个孩子回到自己身边。晚上，你把滚热的牛奶搁在书桌上，孩子从作业堆里抬头看你一眼，不说话，只是笑了一下。你觉得，好像突然闻到栀子花幽幽的香气。

——选自龙应台《家是什么》

二、感恩父母

名人名言

教民亲爱，莫善于孝。教民礼顺，莫善于悌。

——孔子

自古以来，“亲慈子孝”是中国家庭关系的理想模式。平时，我们对长辈的孝敬，不应该仅仅见诸言词，更重要的是要将其付诸行动。

（一）听从教导

当长辈管教自己时，我们一要虚心听取，二要表示感激，三要知错就改。不要顶撞长辈，不要过分地夸大长辈与晚辈之间的“代沟”，更不要片面地认定长辈都是“守旧”“落伍”的“老糊涂”。

我们要学会从长辈的管教中取长补短、不断进步。对长辈来说，晚辈的点滴进步和成绩都是对他们最好的安慰和回报。

生活实例

乡下小村庄的偏僻小屋里住着一对母女，母亲生怕遭窃总是一到晚上便在门把上连锁三道锁；女儿则厌恶了像风景画般枯燥而一成不变的乡村生活，她向往都市，想去看看自己透过收音机所想象的那个华丽世界。某天清晨，女儿为了追求那虚幻的梦，趁母亲睡觉时偷偷离家出走了。

“妈，您就当做没我这个女儿吧。”可惜这世界不如她想象得美丽动人，她在不知不觉中，走向堕落之途，深陷无法自拔的泥泞中，这时她才领悟到自己的过错。

十年后，已经长大成人的女儿拖着受伤的心与狼狈的身躯，回到了故乡。

她回到家时已是深夜，微弱的灯光透过门缝渗透出来。她轻轻敲了敲门，却突然有种不祥的预感。女儿扭开门时把她吓了一跳。好奇怪，母亲之前从来不曾忘记把门锁上的。母亲瘦弱的身躯蜷曲在冰冷的地板上，以令人心疼的模样睡着了。

“妈……妈……”！听到女儿的哭泣声，母亲睁开了眼睛，一语不发地搂住女儿疲惫的肩膀。在母亲怀里哭了很久之后，女儿突然好奇地问道：“妈，今天您怎么没有锁门，有人闯进来怎么办？”

母亲回答说：“不只是今天而已，我怕你晚上突然回来进不了家门，所以十年来门从没锁过。”

母亲十年如一日，等待着女儿回来，女儿房间里的摆设一如当年。这天晚上，母女回复到十年前的样子，紧紧锁上房门睡着了。

（二）学会沟通

长辈对晚辈倾注了太多的关爱，非常希望能够随时和晚辈保持联系，了解晚辈近况。作为晚辈，要经常主动地和长辈沟通。爷爷奶奶、外公外婆等老年人，比较害怕孤独寂寞，作为晚辈，要经常去探望，如果不方便，也要经常打电话问候。如果和老人共同居住，则要常常陪老人聊天，主动关心老人的身体和生活。

作为子女，我们应当多与父母沟通，及时汇报自己的思想情况。家长了解我们的想法后，就不会产生不必要的误解和猜疑了。

（三）体贴爱护

一般来说，对长辈的体贴关爱不仅仅要体现在对长辈的物质给予上，更要体现在对长辈的精神帮助上。对待父母，学生应该常怀感恩之心，体谅父母的良苦用心，并在力所能及的范围内帮助父母分担家务。例如，饭后主动洗碗，打扫房间，自己的衣服自己洗等。

在父亲节、母亲节、父母的生日等特殊的日子，我们可以准备一些礼物，向父母表达爱意。在个人生日到来时，应当真诚地向父母表达感恩之情。

随着年龄的增加，长辈的身体越来越衰老，有的行动困难、百病缠身。身为晚辈，我们应多抽时间同长辈聊天，多说一些开心的事，使长辈感受到生活的阳光，心情舒畅起来。

（四）回报关爱

名人名言

父母之年，不可不知也。一则以喜，一则以惧。

——论语

亲人间的关爱是维系家庭关系的纽带。但坦率地说，有相当一些人对家人往往不讲礼貌，不懂得回报父母的关爱。例如，在家不喊爸爸妈妈，不喊爷爷奶奶，只是随口“喂，喂”地叫唤；父母身体不适时，不关心，不体贴，不知问寒问暖；有些人在家像“小皇帝”，自己能干的丁点小事也要指使家人干等。

当然，对父母长辈来说，他们一般不会与你斤斤计较这些，但如果长此以往，就会无形中伤害、刺痛他们的心。所以，面对亲情大爱，我们应该铭记于心，并在力所能及的范围内回报关爱。

拓展阅读

苦痛会消失，唯有真爱永留心间

父亲与我谈话时，他总是会先说一句：“我今天告诉过你我有多么爱你吗？”从这句话我能深深地感受到父亲对我的爱，随着岁月的流逝，父亲已迈入老年，体力大不如前，然而我们父女间的感情却是一日比一日深厚。

到了 82 岁，他已有撒手而去的心理准备，而我也想让他早日脱离病痛的折磨。我们紧握彼此的手，笑着和对方告别，但眼中仍是忍不住充满了泪水。我说："爸，等你走后，我希望能接到你报平安的讯息。"他笑说我的想法荒谬，因为爸并不相信世间有轮回转世，其实我也不太相信鬼神之说，但我的许多亲身经验却又让我不得不怀疑"另一边"的人能与我们相通。

所谓父女连心，当父亲走的那一刻，我胸中也能感应到他心脏病发作的瞬间。最令我遗憾的是，碍于医院的某些规定，我竟无法在他咽下最后一口气时握着他的手。

父亲走后，我日日祈祷能听到他的声音，每晚我期盼他能入梦来，但仍是音讯全无；4个月以来，我听到的只有亲友的吊唁。母亲早在5年前因老年痴呆症去世，失去双亲的我，即使已过中年，心里仍像孩童一样茫然无助。

有一天，我躺在黑暗安静的房间里等着师傅来帮我按摩，一阵想念父亲的情绪又填满了胸口，我开始怀疑，是否自己过于殷切地期盼能听到他的声音。突然间，我发觉自己的神志敏锐异常，脑袋出奇地清楚，就算给我一长串的数字我也能加减自如，起初我怀疑自己是身在梦中，但我后来确定，这种感觉是百分之百的真实。原本混乱的思绪在脑中如水滴扰乱了静止的湖面，此时却异常的平静，我心中对这种改变惊讶不已，这让我领悟到：或许我不该如此强求想获得父亲的讯息。

霎时，我见到了母亲的脸——她在患病前那张充满慈爱的丰润脸庞：她仍是一头白发，脸上仍旧带着笑容。母亲的影像如此真实鲜明，似乎我伸手便可触及。她的模样一如从前，我甚至闻到她最爱用的Joy的香水味。她静静地站在我面前，一言不发。我有些纳闷为何我想的是父亲，出现的却是母亲，同时也对许久未想起母亲而感到些许愧疚。

我说："妈，晚年的那场病让您受苦了。"

母亲轻轻地将头侧到一边，仿佛表示理解我的心思。她给了我一个美丽的微笑，然后清楚地说："不过，爱是我所有的回忆。"说完她便消失无踪了。

房间突然一阵微寒，使我不禁打了个冷战。此时我深深地感觉到，最重要的是我们曾对彼此付出的关怀；苦痛会消失，唯有真爱永留心间。

母亲这句话点醒了我，直到如今，我还忘不了与她相见的那一刻。

虽然我一直没有父亲的讯息，但我深信有一天，他会出其不意地出现在我的面前，再说一次：“我今天告诉过你我有多么爱你吗？”

任务实施

案例讨论

小东内心里非常爱自己的爸爸妈妈，每次父母生日，他都想送上一句祝福，但又觉得这样太做作，平时他也不好意思和父母交流感情。等到他长大以后，父母觉得他越来越不尊重长辈，经常当面和父母大声争吵。就这样，小东和父母之间的关系越来越紧张，经常因为一些小事而伤了父母的心，小东为此十分烦恼。

讨论：

在家庭生活中，我们常常会因为一些小事而和自己的父母、兄弟等亲人发生摩擦和冲突，但是事后又会因为过激的言行而内疚和后悔。请问我们应当怎样避免此类事件的发生？

任务二　热爱祖国，回报社会

学习目标

- ◇ 了解为什么要爱国
- ◇ 了解爱国的误区
- ◇ 能够理性爱国

1964年《中国画报》封面刊出的一张照片，照片上是大庆油田的“铁人”王进喜头戴大狗皮帽，身穿厚棉袄，顶着鹅毛大雪，握着钻机手柄眺望远方，在他身后散布着星星点点的高大井架。日本情报专家据此解开了大庆油田的秘密。他们根据照片上王进喜的衣着判断，只有在北纬46°至48°的区域内，冬季才有可能穿这样的衣服，因此推断大庆油田位于齐齐哈尔与哈尔滨之间。并通过照片中王进喜所握手柄的架势，推断出油井的直径；从王进喜所站的钻井与背后油田间的距离和井架密度，推断出油田的大致储量和产量。有了如此多的准确情报，日本人迅速设计出适合大庆油田开采用的石油设备。当我国政府向世界各国征求开采大庆油田的设计方案时，日本人一举中标。庆幸的是，日本当时是出于经济动机，否则后果不堪设想。

一、为什么要爱国

爱国主义是由人们与祖国的利益依存关系所决定的忠诚和热爱祖国的思想观念和民族精神，是社会意识、准则规范和行为活动的统一。其结构包括认识、感情、意志、信念和行为以及在此基础上形成的责任和传统。

（一）爱国主义是一种深刻的认识

爱国主义是人们对自己的利益与祖国的利益密切相连这一客观现实关系的主观反映，是对国民与国家命运相系在一起这一历史事实的理性把握和深层认同。

首先，个人的生存依赖于祖国的生存。个人生活离不开民族群体独特的生活方式、生产方式和社会实践活动及其创建的环境、氛围和文化成果。祖国所提供的物质条件和精神家园是个人生存的前提和基础。亡国造成的生存困境及其对生命的威胁和限制从反面说明了这一点。

其次，个人的地位决定于祖国的地位。旧中国国人地位的卑微和新中国人民地位的提高，说明了祖国的经济、政治、文化地位决定着国民的经济、政治、文化地位。

再次，个人的发展离不开祖国的发展。个人的力量和智慧是在社会共同体中形成和发挥的，国家实力的强弱影响着国人能力的大小；个人的价值是在民族群体之中实现和评价的，历史条件的好坏和社会生活的优劣制约着人生意义的深浅；人的本质是在一定的社会关系中铸就的，祖国的荣辱兴衰决定着个人生活质量的高低、前途命运的变化；个人的自由是在祖国的天地里展开的，国家的生产经济状况、政治法律制度、思想文化条件和自然地理环境塑造着人们自由的翅膀。

拓展阅读

周恩来的书香缘与爱国情

中华五千年的历史，五千年的文化积淀，五千年的历史潮流。1898 年 3 月 5 日，一代开国元勋周恩来应运而生。周恩来传承发展优秀历史文化，以读书爱国，爱国读书为宗旨。当 12 岁的周恩来斩钉截铁地说出“为中华之崛起而读书”的誓言时，他便与书香、与爱国开始了不解情缘。

1910 年春天，12 岁的周恩来就读于银冈书院。一天修身课上，魏校长向同学们提出了一个问题：“请问诸生为什么读书？”同学们踊跃回答，有的说“为做官而读书”，也有的说“为挣钱而读书”，还有个同学说：“为了帮助父母记账。”魏校长问周恩来：“你呢，为什么读书？”周恩来站了起来，清晰而坚定地回答：“为中华之崛起而读书！”周恩来铿锵有力的话语，博得了魏校长的喝彩：“好啊！为中华之崛起！有志者当效周生啊！”少年周恩来在那时就已经认识到，中国人要想不受帝国主义的欺凌，就要振兴中华。读书，就要以振兴中华为目标。

在东关模范学校的三年，周恩来用古人“头悬梁，锥刺股”的苦学精神激励自己。每天，他完成作业后就博览群书。他一边读，一边摘录名言警句，还书写读书心得。他常常读到深夜，大地沉沉地入睡了，他还在书海里遨游。少年周恩来胸怀中华，放眼世界。他的作文经常联系国家和国际大事。有一次，他看了一本关于白人资本家贩卖黑人孩子的书——《汤姆和琼斯的故事》，他为黑人孩子的悲惨遭遇而流下热泪，同时对资本家的罪行而义愤填膺。于是，他带领同学们写了两封信，一封写给黑人孩子，倾吐了发自肺腑的怜悯和同情；一封写给白人资本家，表示了无比的愤慨与抗议。

1913 年，周恩来进入天津南开中学学习。他的各门功课成绩都很好，特别是作文、书法和英文，每学期都名列第一。他在学习的同时，还博览群书，先后阅读了陈天华的《猛回头》《警世钟》和邹容的《革命军》等先进书籍，以及《离骚》《史记》《汉书》等历史文学著作。对于读书，周恩来反对浮光掠影，一知半解。他提出："读书宁精勿杂，宁专勿多"，要以"求精不求多"为原则。

新中国成立后，周总理日理万机，但他一直强调"知之为知之，不知为不知"的求实精神，发扬"面壁十年图破壁，难酬蹈海亦英雄"的刻苦读书精神，"要做到老，学到老，改造到老"，并用于实践。

在"文化大革命"极端复杂的特殊环境下，周总理忍辱负重，苦撑危局，做出了常人难以想象的努力，全力维护党和国家工作的正常运转，全力维护党的团结统一，尽一切可能减少损失。在他生命的最后 587 天，谈话 227 次，会见外宾 56 次，开会 32 次，正如邓小平所说"周总理是一生勤勤恳恳、任劳任怨工作的人"。他的这种鞠躬尽瘁的精神深受那些政治家、思想家的影响。读书，就要以贡献祖国为动力；读书，就要以"为人民服务"为履践。

周总理一生酷爱读书，无论是在条件艰苦的战争年代，还是在日理万机的和平建设时期，他用一生实践了"为中华之崛起而读书"的誓言。让我们也像周总理一样，发出"为中华之昌盛而读书"的青春誓言，开启别样的书香缘与爱国情！

（二）爱国主义是一种浓厚的感情

人在家里，家在国中。家人关系、朋友关系、邻里关系、同胞关系等血缘、姻缘、业缘、地缘、族缘、国缘、文缘关系和人际环境形成了相应的亲情、爱情、友情、乡情、民族之情和爱国之情。真正的爱国主义者，必定是一个爱亲人、爱友人、爱家乡、爱民族、爱国家的人。亲情、爱情、友情、乡情、民族之情，是爱国之情的丰富基础和广泛背景；爱国之情则是从中发展起来的情感的综合表现和最高产物。

包括亲人、朋友、家乡、民族和国家在内的祖国，是国人世代生息的场所，提供了生产资料和生活资料的来源。一个人的整个生命历程，都接受着民族的风俗习惯、语言文字和祖国文化的熏陶，了解着祖国的地理环境、自然条件、山川湖泊、人文景象和历史传统，开发并运用着祖国的物质资源和精神财富，且从中得到恩泽、实惠和锤炼，人生获取到使人依恋的安身立命之地，心灵寻找到得以慰藉和寄托的精神家园。在此基础上，自然就产生了对养育自己的祖国的情感认同和精神依恋即爱恋之情，表现为对祖国和人民的关心和爱护，愿意为国家和民族尽自己的最大努力。

拓展阅读

《七子之歌》

1925年3月，身在美国纽约的著名诗人闻一多有感于时事，把被帝国主义掠走的澳门、香港、台湾、威海卫、广州湾、九龙、旅大（旅顺、大连），比喻为七个与祖国母亲离散的孤儿，并写出了七块土地对祖国母亲的眷恋，澳门便是七子之首。

澳门

你可知“妈港”不是我的真名姓？
我离开你的襁褓太久了，母亲！
但是他们掳去的是我的肉体，
你依然保管着我内心的灵魂。
三百年来梦寐不忘的生母啊！
请叫儿的乳名，叫我一声“澳门”！
母亲！我要回来，母亲！

从这种深切的呼唤中，我们可以体会到什么叫归属感、认同感、尊严感、荣誉感，可以体会到诗人对祖国的感情，这就是爱国主义。

（三）爱国主义是一种坚强的意志

心理上爱国之情的长期体验，日积月累逐渐沉淀、稳定、深化和升华，便形成了感激和报效祖国的坚强意志。它是无时不在、无处不在的民族气质，攻无不克、战无不胜的民族气魄，众志成城、所向披靡的民族气势，勇往直前、百折不挠的民族气度。报国之志不因祖国的贫富强弱、荣辱兴衰而有所差异，不为个人的生死祸福、宠辱顺逆而有所区别，不以他人的喜怒哀乐、褒贬扬抑而有所转移，不受形势的风云变幻、好坏优劣而有所左右。它是一种在任何环境下都能激励国民奋发图强、推动民族发展进步甚至使人将生死都置之度外的强大的精神力量。爱国者是祖国和人民利益的忠实守护者。

几千年以来，中华民族历史上涌现的无数民族英雄和爱国仁人志士，在抵抗外来侵略、反抗专制统治、保护百姓生存和建设神州家园的社会活动中，表现出来的情有独钟、矢志不移、奋不顾身、尽心尽力、无怨无悔的大无畏的英雄主义民族气概，正是爱国主义坚强意志的真实写照。

拓展阅读

《苏武》——牧羊北海边，心存汉社稷

公元前100年，汉武帝正想出兵打匈奴，匈奴派使者来求和了，还把汉朝的使者都放回来。汉武帝为了答复匈奴的善意表示，派中郎将苏武拿着旌节，带着副手张胜和随员常惠，出使匈奴。苏武到了匈奴，送回扣留的使者，送上礼物。苏武正等单于写个回信让他回去，没想到就在这个时候，出了一件倒霉的事儿。

匈奴中有人造反，苏武的手下牵连其中，苏武知道自己有辱使命，决定自尽，未遂，单于就把他关押起来不给饭吃，苏武吃雪和毡毛活了下来，匈奴人认为很神奇，就把他流放北海边牧羊。所有羊都是公羊，要求他让公羊生下小羊才让他回来。

苏武到了北海，旁边什么人都没有，唯一和他做伴的是那根代表朝廷的旌

节。匈奴不给口粮，他就掘野鼠洞里的草根充饥。日子一久，旌节上的穗子全掉了。一直到了公元前 85 年，匈奴的单于死了，匈奴发生内乱，分成了三个国家。新单于没有力量再跟汉朝打仗，又打发使者来求和。那时候，汉武帝已死去，他的儿子汉昭帝即位。汉昭帝派使者到匈奴去，要单于放回苏武，匈奴谎说苏武已经死了。使者信以为真，就没有再提。

后来汉朝又有使者来到匈奴，苏武的手下悄悄与其取得了联系，告诉他们苏武还活着。这才让苏武返回大汉。这中间度过了 19 年。

苏武出使的时候，才 40 岁。在匈奴受了 19 年的折磨，胡须、头发全白了。

回到长安的那天，长安的人民都出来迎接他。他们瞧见白胡须、白头发的苏武手里拿着光杆子的旌节，没有一个不受感动的，说他真是个有气节的大丈夫。

（四）爱国主义是一种坚定的信念

爱国之情和报国之志的长期体验和积累，就形成作为理想目标指导人们行动的坚定信念。包括对祖国和民族的自尊、自重、自强和自信。在爱国主义理想信念的指引和鼓舞下，我国人民历尽艰难险阻、曲折坎坷和困苦辛酸，创造了灿烂的文明、打败了列强的侵略、维护了祖国的统一、革新了社会的制度、改善了民众的生活。

自尊心和自信心是中华民族永不衰竭的民族精神，它表现为国格、人格，志气、骨气。具有坚定的爱国信念，就是即使身处黑暗险恶的困境中也能看到光明和希望，也会辨别善恶和方向，忍辱负重，顾全大局，仍然对祖国和民族忠诚，依旧愿意随时随地为祖国和民族的远大理想而努力奋斗甚至英勇献身。这是爱国主义精神的集中体现和最亮闪光。爱国主义教育和宣传的崇高使命，就是要培养国人的民族自尊心、民族自信心、民族使命感和民族责任感。

拓展阅读

爱国主义语录

- 热爱祖国，这是一种最纯洁、最敏锐、最高尚、最强烈、最温柔、最有

情、最温存、最严酷的感情。一个真正热爱祖国的人，在各个方面都是一个真正的人。——苏霍姆林斯基

• 只有热爱祖国，痛心祖国所受的严重苦难，憎恨敌人，这才给了我们参加斗争和取得胜利的力量。——托尔斯泰

• 我们波兰人，当国家遭到奴役的时候，是无权离开自己祖国的。——居里夫人

• 热爱自己的祖国是理所当然的事。——海涅

• 常思奋不顾身，而殉国家之急。——司马迁

• 瞒人之事弗为，害人之心弗存，有益国家之事虽死弗避。——吕坤

• “吾辈从军卫国，早置生死于度外，今日之事，有死而已!”“我立志杀敌报国，今死于海，义也，何求生为!”——邓世昌

• 恨不抗日死，留作今日羞。国破尚如此，我何惜此头。——吉鸿昌

• 人民不仅有权爱国，而且爱国是个义务，是一种光荣。——徐特立

• 各出所学，各尽所知，使国家富强不受外侮，足以自立于地球之上。——詹天佑

• 惟有民魂是值得宝贵的，惟有他发扬起来，中国才有真进步。——鲁迅

• 锦绣河山收拾好，万民尽作主人翁。——朱德

• 祖国如有难，汝应作前锋。——陈毅

• 我荣幸地从中华民族一员的资格，而成为世界公民。我是中国人民的儿子。我深情地爱着我的祖国和人民。——邓小平

• 我死以后，把我的骨灰送家乡……把它埋了，上头种一棵苹果树，让我最后报答家乡的土地，报答父老乡亲。——彭德怀

• 我爱我的祖国，爱我的人民，离开了它，离开了他们，我就无法生存，更无法写作。——巴金

• 一个人对人民的服务不一定要站在大会上讲演或是作什么惊天动地的大事业，随时随地，点点滴滴地把自己知道的、想到的告诉人家，无形中就是替国家播种、垦植。——傅雷

（五）爱国主义是一种高度的责任

国人有在自己国家生存的权利，同时也有为自己国家应尽的义务。这是因为，在世界上还存在国家的情况下，我们是属于自己的祖国的，接纳和享受着祖国给予的一切，祖国养育了我，我就应该回报祖国。这正如子女和父母之间的相互关系及其责任一样，是不言而喻的：家人须爱家，国人须爱国。如果说个人的一切都依存于祖国，那么，祖国的繁荣也需要国人出力出汗、献计献策乃至自我牺牲。因此，热爱祖国是每一个公民义不容辞、不可推卸的社会责任。个人作为国家公民和民族一员的角色及其应该承担的义务，是爱国责任的客观事实根据。如果仅仅把爱国主义看作是人们对自己利益的关注或是对祖国的朴素感情，就难免流于庸俗和浮躁，在一定条件下就容易走向反面，蜕变为叛国、卖国或者愚忠、国粹主义和狭隘的民族主义。只有把爱国同时也看成是国民的应尽义务和道德责任，是个人与祖国关系的必然要求，才是对爱国主义的道义理解，才是有觉悟的主人翁意识的表现，才是一种光荣的使命和崇高的精神。

爱国，不仅是人们自然性的物质需要，更是由于体现着人类本质属性的社会性的精神需要。当人们做出爱国言行、进行道德选择的时候，追求的不只是物质的需要，更重要的是思想的充实、感情的抒发、意志的磨炼、信念的实现、精神的健康和心理的愉悦即良心的满足。这种社会性的精神需要，使得人们义无反顾、责无旁贷地为祖国尽职尽责、自我牺牲。可见，对祖国的责任感是人的社会本性发展和深化道路上的一个重要标志。人们在履行爱国主义义务的行为活动中获得理解、尊重和完善。可以说，履行爱国责任是人走向道德完善的基本途径和重要表现，是衡量人格品行是否完整、高低优劣和有无尊严的重要标准，也是人之为人的起码品质和道德底线。如果一个人连热爱祖国的觉悟都没有，那就更不可能产生为其他道德目的而自我牺牲的动机和行为，也就丧失了最基本的人格德性，甚至沦为民族的败类。古往今来，彪炳中华民族史册的，无一不是忠诚的爱国者。他们之所以能做出一番事业，使自己的人生有价值、有意义，根本原因在于对祖国和人民有一颗滚烫的赤子之心和一种强烈的责任意识。历史事实表明，一个人的巨大成功果实，往往挂结在爱国主义这棵常青树上。

拓展阅读

最美的垫底者

马拉松选手约翰·斯蒂芬·阿赫瓦里只代表祖国参加了一届奥运会，在57名参赛者中垫底，在此之前、之后他也并未有任何值得一提的好成绩被记录，这在长跑高手层出不穷的非洲可谓平平无奇。但就是这样一位垫底者，却拥有了比奥林匹克冠军更响亮的名声和更广泛、更深久的影响力，他曾被法国《队报》誉为“最美的垫底者”。

奥林匹克的宗旨不是更快、更高、更强么？这位垫底者究竟做了些什么，竟获得如此高的荣誉？

1968年墨西哥城奥运会上，马拉松比赛结束后，记者和观众们在颁奖仪式结束后便三三两两地退场回家了。过了一个多小时，组委会通知马拉松沿途的服务站开始撤离，结果得到一个让所有人都吃惊的消息：有个选手还在跑！

这个还在跑的选手就是阿赫瓦里。他在跑出不到19公里后因碰撞而摔倒，膝盖受伤，肩部脱臼，但他并未就此退出，而是一瘸一拐地继续向终点跑去。渐渐地，所有选手都将他远远甩在身后；渐渐地，围拢在街道两侧打气助威的人群已散尽，天色也越来越暗，所有人都觉得马拉松比赛已经结束，只有阿赫瓦里本人坚定地跑着，因为他觉得，自己的比赛远未结束。

不知什么时候，他的身边出现了一名记者，不解地问，为什么明知毫无胜算，还要拼命跑下去？阿赫瓦里显然毫无准备，他默默地又“跑”了好一会儿，才突然坚定地答道：“我的祖国把我从7 000英里外送到这里，不是让我开始比赛，而是要我完成比赛……”被深深感动的记者立刻把稿件发回奥林匹克新闻中心，阿赫瓦里的名言不一会儿就通过广播回荡在墨西哥城的上空，许多本已回家的市民纷纷赶到路边，为他助威、欢呼。在观众的鼓励下，阿赫瓦里拖着伤腿，顶着满天星星，走入了专门为他打开灯光的阿兹特克体育场，几乎是一码一码蹭到了终点线。由于过于激动，人们忘了统计他的确切成绩，在奥运成绩册上只有他获得的名次：75 人中的第 57 名，排在他之后的 18 位选手，都是因各种原因中途退场的。

如今时过境迁已近 40 年，虽然阿赫瓦里并无辉煌的成绩，但作为坦桑尼亚历史上首位参加奥运竞技的选手，他没有辜负国家的厚望，成为了“最美的垫底者”。他的名字被镌刻在奥林匹克名人录上，镌刻于人们心间，因为他的执着，因为他的拼搏，更因为他对祖国的爱！

二、爱国的误区

（一）爱国要讲理性，爱国要守法

提到爱国，很多人会热血沸腾，但是作为大国国民，我们应该找到爱国情感与实际行动的契合点，表达我们捍卫领土主权的力场和决心，是公民的权利，也是责任。但传播谣言、无事生非乃至暴力行动，去折腾中国的同胞，去折腾在中国合法经营的企业，这无疑是找错了表达对象。

爱国是公民朴素的情感，但绝不能僭越法律，不能破坏社会秩序，否则，只会自乱阵脚，“让亲者痛仇者快”，堂堂正正的爱国行为，就可能异化为偏激违法，让人轻看。中国在崛起，中国公民应适应做大国公民，不走极端，不听信谣诼挑唆，不折腾同胞、不折腾在中国合法经营的企业。理性爱国，是中国人作为大国公民应有的担当。

名人名言

真正的爱国者是爱人类的。

——马铁丁

谁都不是一座孤岛，可以自成一体，每个人都是那广袤大陆的一部分。任何人的死亡，都使我受到损失，因为我包孕在人类之中。所以不要问丧钟为谁而鸣，它就为你而鸣。

——约翰·堂恩

（二）强硬好战不等同于爱国

有些人总认为我们的政府太软弱，面对外来的挑衅就只会发出严正声明、提出强烈抗议。在各大军事论坛上总有“爱国人士”群情激愤，高呼武力解决纠纷。对于这些好战的声音，我们应当区别看待：这里面有的是发自内心地爱国，希望祖国统一，维护国家尊严与领土完整；也有的是属于和平日子过久了，想找点刺激；还有的是极端民族主义情绪，唯恐天下不乱。通过理性地分析，对于当前之中国，战争并不是一个好的选择。第一，战争对于经济和民生具有巨大的破坏作用。尤其是中国，经济最发达的都是沿海地区，而一旦交战又是战争的最前线，残酷的战争将使改革开放三十年的成就毁于一旦。第二，轻易发动战争正好中了“中国威胁论”的圈套，使得“亲人痛，仇人快”。

（三）盲目排外不等同于爱国

盲目排外的表现之一是拒绝向对手学习。把矮化、丑化敌人作为爱国的表现，把客观承认对方的优势、长处视为卖国，把向对手学习视为卖国。晚清的清议派就是最典型的代表，他们永远以天朝大国自居，称外国为蛮夷，斥国外先进科技为“奇技淫巧”，猛烈抨击办实业的洋务派。他们占据道德上的制高点，什么都不用做，不用冒任何风险，却永远正确、一贯正确，因而被费正清称为“安乐椅上的战略家”。而当时的驻英大使郭嵩涛，由于向清政府介绍在英国的所见所闻，却被当作是卖国贼，最后被免去大使的资格。真正的爱国，是“去向那个打你的人去学习，直到你变得比他更强！”近代中国历史最优秀的中华儿女很多都有过出国留学的经历，如容闳、詹天佑、邓小平、钱学森等等。他们利用在国外学到的先进理念、科技，归国后为改变祖国的落后面貌做出了巨大贡献。

总的来说，爱国主义的常见误区有一些共性的特点：一是把爱国主义的内涵片面限定在对外交往上；二是简单的非黑即白、非敌即友的二元思维；三是偏重感情用事，缺少理性分析，偏重口舌之快，缺少实际行动。

三、如何爱国

（一）爱祖国的大好河山

在我国辽阔的疆土上，壮丽的山河、秀丽的风景、丰富的物产和不胜枚举的人文景观，自古就引来无数爱国者的热情赞美。他们或用最美好的诗句，或用最动听的乐曲，或用最美妙的画笔，讴歌和描绘着祖国的大好河山。

毛泽东在他的《中国革命和中国共产党》一文中，是这样概括我们祖国的伟大形象的："我们中国是世界上最大国家之一……在这个广大的领土之上，有广大的肥田沃地，给我们以衣食之源；有纵横全国的大小山脉，给我们生长了广大的森林……秀丽的长江像一条系在祖国母亲腰间的蓝色飘带，铺展于云山天海之间；奔腾的黄河似一条生机勃勃的飞龙，舞动于锦绣大地之上。"

他还写了著名的诗篇——《沁园春·雪》，深情讴歌了祖国的大好河山，表达了对祖国的热爱和依恋。"北国风光，千里冰封，万里雪飘。望长城内外，惟余莽莽；大河上下，顿失滔滔。山舞银蛇，原驰蜡象，欲与天公试比高。须晴日，看红装素裹，分外妖娆。江山如此多娇，引无数英雄竞折腰。惜秦皇汉武，略输文采；唐宗宋祖，稍逊风骚。一代天骄，成吉思汗，只识弯弓射大雕。俱往矣，数风流人物，还看今朝。"

如此壮美的祖国，怎能不深深激荡起我们炽热的情感？试想，当我们泛舟西湖，欣赏那"欲把西湖比西子，淡妆浓抹总相宜"的美丽景色时；当我们置身戈壁，感受那"大漠孤烟直，长河落日圆"的广袤辽阔时；当我们登临泰山，领略那"会当凌绝顶，一览众山小"的磅礴气势时，我们的心中怎能不油然升起一种"江山如此多娇"的情怀呢？所以爱国主义首先表现为对祖国山河的热爱。

（二）爱自己的骨肉同胞

我们祖国之所以可爱，不仅仅因为她拥有幅员辽阔、物产丰富、山河壮丽的国土，更重要的是她拥有世世代代生存在这片国土上勤劳、勇敢、善良、智慧的亿万人民。没有人民的祖国是不存在的，离开人民来谈爱国是毫无意义的。因此，热爱祖国最根本的是热爱那些创造悠久历史和灿烂文明的各族人民，正是有了各族人民的智慧和创造，才有了伟大祖国悠久的历史、灿烂的文化和源远流长的优秀传统。所以，邓小平在1981年英国出版的《邓小平文集》序言中情真意切地写道："我荣幸地以中华民族一员的资格，而成为世界公民。我是中国人民的儿子，我深情地爱着我的祖国和人民。"

拓展阅读

爱国从你我做起

爱国主义，它不仅是热烈的，也应是理性的，不仅关乎外交，也关乎民生，它不是宏观的、抽象的，而是细微的、具体的。

爱国，不是一边对腐朽堕落的帝国主义口诛笔伐，一边将自己的财产、国籍、子女都转移到国外；爱国，不是一边指责帝国主义欺人太甚，一边却在祸害自己的同胞。

爱国，就是爱自己的家人，让家人过得更幸福。

爱国，就是爱自己的工作，通过工作来实现自己的价值。

爱国，就是与人为善，己所不欲，勿施于人。

爱国，就是做食品的，按标准生产，不做有毒有害食品。

爱国，就是做工程的，按标准完工，不做豆腐渣工程。

爱国，就是对这个国家的黑暗面，有承认和批判的勇气。

爱国，就是对这个国家有坚定的信念，虽然它不完美却不离不弃，并用实际行动去建设她。

爱国，就是让这个国家，拥有优质的教育、完善的社保、公正的司法，就是让每一个个体活得自由、幸福、有尊严！

（三）爱祖国的灿烂文化

中华民族是一个拥有五千年历史的伟大民族，在五千年的历史长河中，勤劳智慧的中国人民，不仅创造了丰厚的物质财富，也创造了灿烂的精神文明。民族文化是民族凝聚的重要纽带，同时也是传承民族特征的基本载体。我们基于对民族文化的熟知和热爱而为我们民族的辉煌历史而骄傲；同样，我们基于对民族文化的熟知和热爱而受到激励和鼓舞，为我们民族的兴旺发达而奋斗。对祖国灿烂文化和历史传统的认同总会把人们的心连在一起，爱祖国的灿烂文化就应该认真学习和真正了解祖国的历史，深入了解祖国优良的历史文化传统。

（四）爱自己的国家

理性的爱国主义应当为这个国家长远的长途命运着想，着力维护国家的核心利益，作为当前之中国，最要紧的是发展。

第一，当今世界的时代主题仍然是和平与发展。这个时代主题并没有改变，这已经在十八大报告中做了明确的判断。这个判断非常重要，决定了中国大的方向、大的战略。只要时代主题没变，那就说明发展仍然是硬道理，发展仍然是硬任务。

第二，解决国内一切问题的关键还在于自身的发展。2012 年中国的经济总量已经达到美国的 48%左右，发展所带来的成就以及老百姓的受益是显而易见的，在发展的过程中也出现了很多的新问题、新矛盾，但应当认识到，这些问题、矛盾都是发展过程中的问题，也只能通过进一步的发展来解决。

第三，解决国际争端的关键也在于中国自身的发展。决定国际关系的，除了国家利益，还有国家力量。解决领土纠纷、国际争端，从根本上是以国家的综合实力作为后盾。弱国无外交，当中国真正强大的时候，台湾问题、钓鱼岛问题、南海问题，这些问题就都不是问题。

第四，当前正处于发展的最关键时期。党的十八大报告给出的论断是：“综观国际国内大势，我国发展仍处于可以大有作为的重要战略机遇期”，在最为关键的时期，决定了中国必须要和平、必须要稳定、必须要发展，不到万不得已的情况不会发动战争。所以十八大报告提出要坚定信念，攻坚克难，要不动摇、不懈怠更重要的是不折腾。

综上所述，当前中国最核心的问题是稳定、改革与发展的问题，最紧要的任务是在一个相对和平的国际环境与稳定的国内环境下，加快经济转型，加大改善民生，大力推进法治，有序发展民主。理性地爱国主义应该是少一些空谈，多一些实干，从自身做起，影响和带动身边的人，为中国的稳定、改革与发展做贡献。

拓展阅读

两弹元勋——邓稼先

邓稼先（1924—1986），安徽省怀宁县人，中国杰出的科学家、中国“两弹”元勋，先后毕业于西南联合大学和美国普渡大学，获物理学博士学位，1950 年回到祖国；他参加组织和领导中国核武器的研究、设计工作，是中国核武器理论研究工作的奠基者之一。

1947 年，邓稼先考取了留美研究生。顺利地进入美国印第安纳州的普渡大学研究生院，读物理系。他的导师荷兰人德尔·哈尔是搞核物理研究的，所以邓稼先很自然地也做了核物理方面的研究。

1949 年 10 月，中华人民共和国成立。闻知消息，邓稼先激情满怀，当即朗读了别人创作的一首长诗：当一场暴风雨过后/祖国已迎来灿烂的黎明……我们就要回到你身边/祖国啊，母亲……

1950 年 8 月 20 日，邓稼先获得了博士学位，那一年，他只有 26 岁，被人们称作“娃娃博士”。同年 8 月 29 日，邓稼先与一百多名学者一起，历尽艰辛，启程奔向新中国的怀抱。

1958 年 8 月的一天，时任中科院原子能研究所所长的钱三强把邓稼先叫到办公室，幽默地对他说：“稼先同志，国家要放一个大炮仗，调你去做这项工作，怎么样？”“大炮仗？”从事核物理研究的邓稼先稍一沉吟，马上明白——

国家要研制原子弹。“我能行吗？”邓稼先似乎还没有从吃惊中回过神来。当钱三强谈了工作的意义和任务之后，邓稼先全都懂了。不过，这项工作之艰巨、自己后半生将为此付出的代价，一切的一切，在当时他都不得而知。

那是一个改变命运的夜晚，邓稼先的妻子许鹿希永远无法忘记：“那一夜，他一反常态地无法安睡。到后来，他跟我说，他要调动工作。我问他调哪去，他说这不能说，做什么工作也不能说。后来，我说你给我一个回信信箱的号码，我跟你通信，他说也许这都不行。”“当时我们聊到了十几年前，国家备受侵略者蹂躏、日本的飞机肆无忌惮轰炸的情景。往日的情景或许触发了他。过了一会儿，他突然说：‘我的生命就献给未来的工作了。做好了这件事，我这一生就过得很有意义，就是为它死了也值得！’”

第二天，邓稼先像变了一个人，从不喜欢照相的他，带着妻子、四岁的女儿和两岁的儿子，到照相馆照了一张全家福。这或许是他要留给亲人的纪念吧！

之后，邓稼先走了。他的妻子许鹿希感到一种莫名的伤害，因为，除了丈夫那些简短的话，没有一个人给她解释什么，丈夫就这样活生生地从身边“消失”了。其实，她哪里知道，邓稼先为了国家利益的无悔选择，不仅对她和家人是一种伤害，即使对邓稼先本人，也是一种伤害啊！他的一切都将不告父母不告妻儿，没有个人的行踪，不能发表学术论文，不能公开作报告，不能出国，不能与朋友随便交往，工作成绩再大、功劳再大都将无人知晓，一辈子都不会看到自己声名的成长，甚至到死也只能默默无闻！

但是，为了自己的祖国，邓稼先认了，宁愿伤害自己和自己的亲人！

1958 年，邓稼先从许鹿希身边“消失”的时候，邓稼先 34 岁，许鹿希只有 30 岁，幼小的孩子一个四岁，一个两岁。在许鹿希的记忆中，邓稼先几乎从未休过探亲假。“从 1958 年他被调去搞原子弹，到 1986 年他去世，前后 28 年间我们聚少离多。他的工作保密性太强了，而且当时纪律十分苛刻、严格，他不能多说，我也不能多问。甚至我的北京医科大学的同事都不能来家里，免得出事。至于他突然回来和突然走以及什么时候回来我根本不知道，什么时候该走的时候，一个电话，汽车马上就在楼底下等着，警卫员一来就马上走了。”

那是一个几乎从零开始的事业，艰难可想而知。然而，毕竟成功了。

1964 年 10 月 6 日和 1967 年 6 月 17 日，中国的原子弹和氢弹研制爆炸成功！

任务实施

任务 1："大国崛起"祖国成就图片展

任务要求：入选的图片能代表新中国成立以来在政治、经济、文化、外交等方面取得的成绩。可以采取对比法，以旧时代的落后映衬新时代的进步，展现出民族的复兴与国家的崛起。

（1）以小组为单位，根据教师所下达的任务，利用课余时间，通过课本、学校图书资料及网络资源，查找、收集各种相关资料，在小组内讨论、选择，将最终入选的图片资料汇总成册，制作成 PPT 课件。

（2）各组选出解说员对本组作品进行讲解。

（3）课堂上各组展示本组作品。

（4）每组选派一名成员担任评委。

（5）评委团打分选出最佳作品。

（6）教师根据各组参赛情况给予相应的积分。

任务 2："我爱你，中国"知识竞赛

（1）教师负责选取知识竞赛试题。试题范围包括中华民族有史以来历史、地理、自然科学、人文科学知识。

（2）各组根据教师的出题范围，分工负责，各自查找某一方面的资料，将查找到的资料进行汇总。

（3）教师担任主持人，宣布竞赛规则。

（4）小组选派选手参赛。

（5）小组其他成员作为亲友团，可以在答题选手求助时，帮助答题选手答题。

（6）比赛结束后，教师根据各组表现确定相应的积分。

拓展阅读与思考

勇担时代重任　将人生梦融入中国梦

鉴史明今，立足“两个大局”交织、“两个百年”交替的关键历史方位，眺望新征途，广大青年要勇担时代使命，紧握接力棒，将人生梦融入中国梦，勇挑重担、奋发图强、敢于斗争、力成英才。

要勇挑重担。“士不可以不弘毅，任重而道远。”百余年间困难重重、危机不断，正是无数英雄救亡图存、负重前行，才有了如今的国富民安。新征程上既有机遇，更有前所未有的困难和挑战，要有迎难而上、挺身而出的担当精神。中国梦的实现，离不开千千万万于一线负重前行的人们。广大青年唯有勇挑重担，让青春在党和人民最需要的地方书写灿烂篇章，聚力成就更美的时代，才能不负国家与人民的重托。

要奋发图强。“天下无难事，有志者成之。”追梦之旅从来不会风平浪静，而是充满艰辛和曲折。但志之所向，无坚不入，百年来无数仁人志士为振兴中华而矢志不渝，把血汗洒遍追寻民族复兴的峥嵘岁月，让中国站了起来、富了起来，让中国更加接近中国民族伟大复兴的战略目标。广大青年肩负时代和历史赋予的艰巨任务，面临着难得的建功立业的人生际遇，须立志而奋发，弘扬先辈奋勇之志，与时代同频共振，勇往直前，昂首迈步新征程。

要敢于斗争。“破釜沉舟，百二秦关终归楚。”中华民族从来都是在斗争中崛起，在斗争前进。正是因为有了不畏强暴、不屈不挠的斗争精神，中华民族才能历经波澜沉浮而始终保持昂扬向上的生机活力，才能不断从胜利走向新的胜利，将曾经风雨飘摇的旧中国建设成为如今繁荣昌盛的新中国。苟利国家生死以，岂因祸福避趋之。圆梦之途必然困难繁多、险阻不绝，广大青年要保持革命精神和革命斗志，以“黄沙百战穿金甲，不破楼兰终不还”的决心，坚决战胜一切困难和挑战。

要力成英才。“国有贤良之士众，则国之治厚。”中国梦的实现关键靠人才，正是因为全体英才的顽强拼搏，中华民族才取得了举世瞩目的进步和成就。生当做人杰，死亦为鬼雄。广大青年要不断提升干事创业、为民服务的本领，努力成为对国家和社会有用的英才，在民族复兴的宏伟篇章中焕发出更加绚丽的光彩。

学习与探究

学生阐述观点：

教师点评观点：

学生进行总结：

项目三　优良品德，美丽人生

任务一　诚实守信，助你成功

学习目标

- ◈ 了解诚信的内涵
- ◈ 了解诚信缺失带来的危害
- ◈ 了解诚信对成功的影响
- ◈ 学习做一个诚信的人

一个顾客走进一家汽车维修店，自称是某运输公司的汽车司机。“在我的账单上多写点零件，我回公司报销后，有你一份好处。”他对店主说。但店主拒绝了这样的要求。顾客纠缠说：“我的生意不算小，会常来的，你肯定能赚很多钱！”店主告诉他，这事无论如何也不会做。顾客气急败坏地嚷道：“谁都会这么干的，我看你是太傻了。”店主火了，他要那个顾客马上离开，到别处谈这种生意去。这时，顾客露出微笑，并满怀敬佩地握住店主的手：“我就是那家运输公司的老板。我一直在寻找一个固定的、信得过的维修店，我今后常来！”

一、认知诚信

诚信，作为中华民族的一种传统美德和道德规范，具有广泛而深刻的含义。简单地说，“诚信”就是“诚实守信”。“诚”是指诚实无欺、做人诚实、实事求是。“信”是指讲信用、守信义、不虚假。诚信就是要以真心真意的态度来待人接物，坚守信诺、不欺不骗、内心善良、表里如一、言行一致。

名人名言

生命不可能从谎言中开出灿烂的鲜花。

——海涅

诚实守信是我们为人处世的基本原则，它渗透在我们生活的各个方面，小到为人诚实不说谎话，大到对事业、对祖国的忠诚，都是一种诚信。

对于一个国家、一个社会而言，诚信是立国之本、繁荣之源，对于提升整个社会的道德水平，促进经济的发展、社会的稳定具有重大的意义。加强政务诚信、商务诚信、社会诚信建设是构建社会主义和谐社会的坚实基础和必要保障。

政府的诚信，关系到社会的民主法治、公平正义和政治稳定，影响着政府的公信力，决定着社会的建设和发展。而一个社会的诚信状况，则将直接关系到国家和民族的繁荣昌盛。

对于企业而言，诚信是立业之本。作为一项普遍适用的道德规范和行为准则，诚信可以建立行业之间、单位之间以及人与人之间互信、互利的良性互动关系。一个不讲诚信、不讲信用的企业，在现代法治社会中不会有长期立足之地，最终会被淘汰。国家的各项社会事业也只有依靠诚信立业，才能顺利发展。

对于每个社会成员而言，诚信是立身之本、处世之道。人的一生必须不断学习，以获得知识和经验。知识既是个人谋生的技能，也是个人服务社会、建设国家的本领。但是，要做个真正对社会有所贡献的人，不仅要有知识和技能，更要有诚信的品质和高尚的道德。诚信精神是指引我们正确处理各种关系的重要道德准则。个人以诚立身，就会做到公正无私、不偏不倚；讲究信用，就能守法、受约、取信于人，就能妥善处理人与人、个人与社会的关系。

二、诚信缺失带来的危害

21 世纪的年轻一代肩负着振兴祖国的重任。我们职业院校学生担负着建设祖国的神圣使命，即将成为企业发展和国家经济腾飞的中坚力量。可是，职业院校学生中也出现了一些不守诚信的现象：有的同学家庭并不困难，却出具虚假证明申请助学贷款；有的借同学或教师的钱不还；有的平时不努力学习，考试作弊，欺骗教师蒙混过关……

诚信是一个人最基本的道德品质，是每个人正确的道德取向。青少年诚实品质的培养是道德社会化最重要的内容，而是否具备诚信品质是衡量一个人道德水平的重要标准，也是我们职业院校学生未来的职业发展、事业进步的必备品质。

职业院校学生的诚信缺失所带来的危害主要表现在以下几个方面。

（一）弄虚作假，考试作弊，破坏了学校学习氛围和良好风气

考试作为教学过程中的一个重要环节，是衡量教师教育效果和学生学习效果的一种方式，也是一种本应公平进行的竞争。考试作弊不仅违反了公平竞争的原则，使严肃的考试失去意义，形同虚设，而且会使我们职业院校学生形成投机取巧、不劳而获的错误价值观念，侵蚀我们的灵魂，扭曲我们的心灵。许多学生平时学习不努力，抄袭作业、考试作弊，不但学不到真才实学，更丧失了自我约束力，失去了诚信的道德品质。

（二）缺乏诚信意识，破坏了公平竞争规则

国家为了大力发展职业教育，推出了助学贷款、贫困补助等措施，旨在帮助更多的学生接受职业教育，习得一技之长。但有少数学生隐瞒家庭真实情况，出具虚假贫困证明骗取助学贷款和贫困助学补助，这些不诚信的行为，不仅辜负了国家和政府对学生的关爱和扶持，还占用了本属于真正贫困学生的资源，使他们的求学之路越发艰难。少数学生还出现恶意拖欠学费现象，妨碍了学校的正常财务和管理秩序。

（三）缺乏真诚与信任，导致人际关系冷漠

许多青少年学生沉迷于网络虚拟世界，却忽略了现实生活中与家人、同学和朋友的人际交往；有的偷看他人日记，窥探他人隐私，甚至盗窃他人财物；有的为争当学生干部、推荐就业机会拉关系、走门路，不择手段。

人际关系的淡漠，容易使职业院校学生变得孤僻、冷漠、紧张、不合群、缺乏责任感，甚至有可能引发心理疾病，不利于健康人格的形成，还会给将来更好地融入企业和社会带来困难，不利于职业生涯的发展。

生活实例

2001年中秋节前，南京冠生园用陈馅翻炒后再制成月饼出售的事件被媒体披露曝光。一时民众哗然，南京冠生园月饼顿时无人问津，很快被各地商家撤下柜台。许多商家甚至向消费者承诺：已经售出的冠生园月饼无条件退货。

面对危机，南京冠生园先是辩解称这种做法在行业内“非常普遍”，绝不是我冠生园一家；在卫生管理法规上，对月饼有保质期的要求，但对馅料并没有时间要求，意即用陈馅做新月饼并不违规。随后又匆忙发出了一份公开信继续狡辩，却始终没有向消费者作任何道歉，其所作所为不禁令消费者更加寒心。

不久，江苏省和南京市卫生防疫部门、技术监督部门组成联合调查组进驻该厂调查，该厂的成品库、馅料库全部被查封，南京冠生园食品厂被全面停产整顿。尽管有关部门后来通知商家南京冠生园的月饼经检测“合格”，可以重新上柜，但心存疑虑的消费者对其产品避之唯恐不及，冠生园月饼再也销不动了。公司的其他产品如元宵、糕点等也很快受到“株连”，没人敢要。生产难以维继的南京冠生园从此一蹶不振，2002年2月4日，终于向法院提出破产申请。就这样，一家具有70年历史的知名老字号企业倒闭了，它给我们留下的是深长的回味……

诚信心理测试

测试导语：

诚信是一种可贵的品质，通过以下测试可以考察自己是否具备较高的诚信度。

开始测试：

1）假如说谎能给你带来好处，你会不会说谎？（　　）

A．会　　B．不会　　C．看具体情况

2）你在还有一门课补考通过后才能获得毕业证书的情况下，会不会作弊？（　　）

A．会　　B．不会　　C．看情况

3）如果你参加的一场重要考试泄题，如果你在考前知道了考题，你会（　　）。

A．不理不睬

B．事先做好，考场照抄

C．已向有关教育主管部门反映

4）你参加技术等级考试，在未知成绩的情况下去参加招聘会，某单位看中了你，但要求必须具有职业技术等级，你会（　　）。

A．如实相告　　B．支吾过去　　C．编造谎言

5）当你自己犯了错误，老师却冤枉了你的同学，你会（　　）。

A．暗自高兴，有人代自己受过

B．忐忑不安，很想找老师说明情况

C．主动承担责任

6）你阅读报纸杂志上的新闻时事报道吗？（　　）

A．从来不看只　　B．经常看　　C．偶尔看看

7）你很难原谅严重伤害过你的人吗？（　　）

A．很难原谅

B．可以原谅

C．可以原谅，但不会忘记这件事

8）你认为自己是一个诚实守信的人吗？（　　）

A．是　　　　　　B．不是　　　　　　C．基本上是

9）一次篮球联赛中，你队以 2 分之差落后于对手。比赛结束前你投中了一个球，裁判员没注意到你的脚踩到了三分线，判给你 3 分，这时你会（　　）。

A．举手向裁判示意你踩线了

B．独自快乐，反正胜利就行

C．忐忑不安，很想找裁判说清楚。

10）在操场上进行运动训练时，你捡到一部新款手机，你会（　　）。

A．诚实地将它交给教练员

B．据为己有

C．内心矛盾，不知道怎么办

11）在无人监考的期末考试中，你遇到了许多不会做的题目，这时你会（　　）。

A．看实际情况而定

B．不会做就不会做，绝不偷看别人的，说不定教室里有监控器

C．东张西望，害怕考试不及格

12）在餐厅打饭时，周围人太多，服务员没留意到你是否打过卡，而实际上你并没打卡，这时你会（　　）。

A．趁他没发现，一走了之

B．自觉地打卡

C．等他发现再打不迟

13）诚信、成人、成才是辩证统一的关系，诚信是基础，然后才谈得上探索如何成人与成才，你认为哪句话最能概括三者关系？（　　）

A．车无辕不行，人无信不立

B．有德有才者，谓之君子；有德无才者，谓之贤人；有才无德者，谓之小人

C．成在学、思、行，行在诚、实、信

14）你觉得影响贷款同学还贷的最主要的因素是什么？（　　）

A．没有强制的还贷措施，有些学生采取能赖就赖的原则

B．家庭确实有困难，所以不能按期还款

C．毕业后收入低，无力偿还贷款

15）在情与法的冲突中，诚信守则要求我们（　　）。

A．站在亲情、友情一边

B．站在法律一边

C．保持沉默

16）诚信的品德是高尚的，诚信要求我们在现实生活中应该（　　）。

A．无论什么情况下都讲真话

B．把对诚信的理解与具体情境结合起来

C．无论什么事都讲真话，包括隐私

17）在对所在的学校或公司填写个人材料（如档案、履历表）时，你会怎么做？（　　）

A．无所谓

B．自己会如实填写，绝对诚信

C．在必要时可适当虚构、不必绝对诚信

18）怎样才能提高学生诚信意识、实现校园诚信呢？（　　）

A．主要靠国家、靠社会，大环境好了，校园这个小社会自然也就诚信了

B．学校要严把思想教育关，把“诚信”纳入课堂话题

C．学生自身要不断提高对诚信必要性和意义的认识，维护校园这片净土

19）孔子有句名言："人无信，不知其可。"当今社会，诚信是做人之本、兴业之基、立国之策，然而，社会上出现了"诚信危机"，最严重的表现为（　　）。

A．政治领域里的腐败现象

B．经济领域里的信用危机

C．教育文化领域里的学术造假现象

20）在教室的课桌里，你（或者和同学）发现了同学落下的手机、MP3、现金等贵重物品，这时你会（　　）。

A．将拾到的贵重物品据为己有

B．在原地等待失主到来

C．为同学隐瞒，装作不知道

评价分值：

	1题	2题	3题	4题	5题	6题	7题	8题	9题	10题
A	0分	0分	1分	2分	0分	0分	0分	2分	2分	2分
B	2分	2分	0分	1分	1分	2分	2分	0分	0分	0分
C	1分	1分	2分	0分	2分	1分	1分	1分	1分	1分
	11题	12题	13题	14题	15题	16题	17题	18题	19题	20题
A	1分	1分	0分	0分	0分	1分	0分	0分	1分	1分
B	2分	2分	1分	1分	1分	2分	1分	1分	2分	2分
C	0分	0分	2分	2分	2分	0分	2分	2分	0分	0分

专家点评：

31～40分：你是一位诚信度很高的人。你有很高的涵养，能充分意识到别人面临的困难，理解他人的难处。请将这种宝贵的品质继续发扬下去，你不仅会赢得别人的尊重，更会取得事业的成功。

21～30分：你的诚信度较高，较有涵养，能够听取别人的意见。拥有诚信品质，会使你拥有更璀璨的人生。

11～20分：你的诚信度不高，也许自己还没有意识到，如果你不改变自己，不仅会失去珍贵的友谊，更会失去美好的前途。

0～10 分：你相当缺乏诚信。请记住，诚信是人最宝贵的品质，提高自己的诚信度是你的当务之急。

三、诚信助人成功

（一）诚信是成就事业的基础

诚信是个人成就事业的根基，无诚则无德，无信事难成。对于职业院校学生而言，缺乏诚信将来就难以立足于社会，更不能奢谈什么事业成功。

名人名言

诚者，乃做人之本，人无信，不知其可。

——孔子

古往今来无数的故事和事例告诉我们，在我们的学习、工作和生活中，如果失去诚信，不仅毁坏个人声誉，甚至会导致个人事业和前途毁于一旦。只有坚持诚信才是个人的立足之本，才是个人发展和事业成功的根基。

在通往人生目标和事业的路途上，诚信的品格是我们最宝贵的财富，是对我们人格魅力和人生价值最好的诠释。“言必行，行必果”是中华民族所推崇的优秀品质。对于职业院校学生而言，诚实守信应当是做人最起码、最基本的品质。

从许多成功人士的创业历程和人生轨迹，我们可以看到，诚信是成就事业的根本，他们以诚信塑造声誉，以诚信拓展商机，以诚信树立形象，以诚信谋求发展。

在社会生活中，诚信的品格就像一笔丰厚的储蓄，源源不断地为我们带来回报，不仅给我们带来事业的成功，而且会使我们得到他人的尊重和信任，拥有真诚的朋友。相反，待人不以诚，则丧其德而增人怨。一个人若失去财产，并没有失去全部，若失去了诚信，就失去了一切。所以，一个有理想、有远见之人，都把诚信作为自己立身行事最基本的道德要求。

诚信是做人的最高尚的品质之一。诚信者追求事业有成，也追求一种人格境界，把做人与做事、尊重自己与尊重他人统一起来。虽然我们要追求利益，但不见利忘义；虽然我们要参与竞争，但目的和手段必须光明磊落。诚信的价值不在于它给我们带来了什么眼前利益，重要的是它的长远效应；诚信给我们带来的不仅是物质利益，还有它更高的精神价值。

在我们成长的过程中，培养自己完美的品格是我们未来成功的资本，也决定着我们生命的高度。当我们站在心灵的高处，对准人生目标的正道直行，终将到达成功的彼岸。

（二）诚信是一种社会准则

只有以诚待人，别人才会同样以诚相待。古语说“一诺千金”，无论是在日常生活中，还是在企业经营中，诚信都是最基本的准则。遗憾的是，我们经常可以看到一些人见利忘义，为了追求眼前的利益而置诚信于不顾，如媒体中曝光的“假货一条街”、“三鹿奶粉”事件、人造蜂蜜、变质猪油……当企业丧失了诚信这一社会基本准则，在给公众和社会造成危害的同时，更制约了企业的发展。“以诚实守信为荣，以见利忘义为耻”是时代赋予我们的要求。青少年也应该努力培养自己的诚信意识，从小事做起，做一个堂堂正正的人。

名人名言

诚者，天之道也；思诚者，人之道也。

——孟子

“诚信”是处理个人与社会、个人与个人之间相互关系的基本道德规范，是社会主义市场经济条件下企业发展的基本行为保障，同时也是时代赋予我们社会主义事业的建设者和接班人的基本素质要求。以诚立信，才能不辜负党和国家对青年一代的厚望；身体力行，付诸行动，尽心尽力履行好自己的社会责任，建立诚实可信的社会信誉，社会才能给予我们更多的发展机会。

（三）诚信是一种道德规范，更是一种法律强制行为

诚信不仅是一种道德的底线，也是市场经济的基础性规范。诚信是一切社会行为的基本规范，是对新时代的社会人和职业人基本的素质要求。

在我们的社会生活中，每个人每天都要与社会中的其他成员交往，自己的一切活动都不能违背与他人之间的协议与契约，更不能损害社会和他人的合法权益。如果人们不诚实、不守信、不遵守社会活动中的基本诚信规则，不仅人与人之间的一切交往无法进行、一切活动无法开展，甚至整个社会都会陷入无序、混乱的状态之中。

职业院校学生应当大力提倡诚信理念，增强诚信意识，形成诚信风尚，这是我国社会主义市场经济发展，以及建立和谐有序社会的必然要求；应当树立诚实正直、实事求是、“言而有信，无信不立”的观念，自觉抵制“老实人吃亏”“不说谎话办不成大事”的错误观念，养成表里如一、言行一致的道德品质。

在构建社会诚信体系的背景下，建立规范、科学、操作性强的学生诚信度评价体系是一种必然趋势。诚信不仅是社会道德规范，更是一种法律强制的行为，每一位社会公民都应自觉遵守法律规范的诚实守信要求。

对于职业院校学生中发生的不诚实、没信誉、不道德的行为，要用法律法规和诚信评价体系制度加以规范和约束，在实践活动中不断强化诚信素质。例如，建立个人发展综合考评制度，把学生的诚实、信用等资质作为其中的重要考核指标；建立信用档案，树立职业院校学生“珍惜信誉如同珍惜生命”理念。

弄虚作假、坑蒙拐骗，也许会使失去诚信的人获得一时的蝇头小利，但违背诚信、损人利己的人不仅要遭受道德和良心的谴责，更要受到法律的制裁，而且，不良的诚信记录会伴随其一生，让其在今后的人生道路上饱尝恶果、举步维艰；而真正遵守诚实守信道德规范的人，收获的则是他人的信任和社会的尊重，并会受到法律的保护，走上人生的坦途。

生活实例

日本的一位企业家，他常常对员工们说：做人和做生意一样，第一要诀就是要诚信。诚信就像树木的根，如果没有根，那么树木也就没有生命了。

这位企业家出身贫寒，二十岁时在一家机器公司当推销员。一个时期以来，他推销机器非常顺利，半个月内就同三十几位顾客做成了生意。之后，他突然发现他卖的机器比别家公司生产的同性能的机器贵一些。他想：如果客户知道了，一定以为我在欺骗他们，会对自己的信用产生怀疑。于是，深感不安的他立即带着合约书和订单，整整花了三天的时间，逐户拜访客户，诚实地向客户说明了情况，并请客户重新考虑，并加以选择。

这种诚信的做法使每个客户都很感动。结果，客户当中没有一个人解除合约，反而成了他更加忠实的客户。

图书漂流活动

训练目的：

图书漂流活动起源于 20 世纪六七十年代的欧洲，喜爱阅读的人将自己读完的书，随意放在公共场所，如公园的长凳上、公共汽车的座椅上……捡获这本书的人可取走阅读，读完再将书籍放回公共场所，将其“漂”出去，传递给其他爱书人阅读，继续另一段“书香漂流”。

没有借书证，不需付押金，也没有借阅期限，参与的人在享受阅读乐趣的同时，还感受到了来自于陌生人的信任与尊重。将这种分享活动引入班级和校园，有助于培养学生的诚信品质和阅读兴趣，营造诚信和谐的校园文化氛围。

训练组织：

图书漂流的宗旨是“分享、信任、传播”。

1）自荐或推选一名同学作为活动项目负责人。

2）学生在教师的指导下讨论产生《图书漂流参考书目》，让参与活动的学生在最短的时间内阅读更多经典的优秀书籍。

3）班级全体学生拿出自己现有的书籍资源，参与图书漂流活动，提供书籍的数目不设上限。

4）图书漂流的范围可以不局限于本班级内部，也可在全校范围展开。

训练考核：

1）由图书漂流活动项目负责人记录图书漂流的书籍档案，监督图书漂流情况。

2）定期举行“优秀阅读心得展示”“阅读分享主题班会”等读书分享活动。

3）表现优异的参与者可以在“诚信档案”中予以加分鼓励。

四、做一个诚信的人

（一）做诚信学生

诚实守信既是中华民族的传统美德，也是职业院校学生的道德责任，更是一种崇高的人格力量。在构建和谐社会的时代背景下，诚信是我们立足社会、成就事业的基本保障。今天我们是职业学校的学生，明天我们将是担负祖国经济建设和民族腾飞神圣使命的中流砥柱。

对于学生而言，诚信就是考试不作弊，不抄袭、不篡改成绩单；诚信就是爱护环境、不破坏公物；诚信就是不偷盗、不赌博；诚信就是做网络的文明使者；诚信就是言行一致，不伪装、不虚假。

1．诚信待人

努力做到待人真诚、为人坦荡，不因追求自己的私利而损害他人和集体的利益。在日常学习与生活中，真实地面对别人，才能收获友谊。真诚地对待他人，我们会感受到真诚和谐的人际关系给我们带来的温馨和愉悦。

2．诚信学习

热爱学习，端正学习态度，自觉遵守考试规则，实事求是，追求真理，不说谎话，考试不作弊，作业不抄袭，为营造诚信和谐的校园环境贡献一份自己的力量。此外，在实习、求职、就业的过程中要实事求是，把人格和事业建立在诚信的基础上。

3．弘扬诚信正义

树立与不良风气作斗争的信心和勇气，敢于揭发和制止不诚信的行为。要互相督促、互相警策、制止作弊、弘扬正气，用严谨求实的学风维护知识的尊严，用诚信品德回报辛勤教育我们的教师和学校。

4．争做诚信楷模

严于律己，从细节做起，用实际行动做诚信的实践者。不失信于人，养成守时、守约的良好行为习惯，做遵守诚信守时的人；培养自己爱学校、爱企业、爱国家的责任感，做关心集体、关爱他人、讲求诚信、表里如一的人。

（二）做诚信员工

诚信经营的企业，会在内部管理中严格执行劳动法的规定和履行劳动合同的约定，真诚地对待员工，相信和依靠员工；诚信经营的企业，会诚信地对待顾客，为顾客提供优质的产品和服务，尊重顾客的利益和需要。因此，诚信经营的企业不仅会有良好的社会形象，还会有较强的市场竞争能力。

另一方面，企业员工的诚信度直接关系到一个企业的生存和发展，许多企业都将诚信作为考查一个人是否具有良好品质和职业素质的重要内容。在企业中做一名诚信员工是我们职业发展的必然要求。

1．忠诚于企业

忠诚是一个人的立身之本，也是个人生存和发展的重要能力。一个人只有在团队中才能发挥自己的优势，通过实现团队的目标来体现自己个人的价值。

忠诚于企业的员工，会自觉将企业的兴衰和自我的发展联系在一起，愿意用自己的能力和才华为企业的发展贡献自己的力量。

诚信经营的企业中的员工不仅能为自己取得发展机会和物质回报，更能通过企业为自己提供的职业发展平台实现自己的职业理想和人生价值。此外，一名优秀的企业员工要关心企业发展，自觉维护企业信誉，在企业中安心工作，不频繁跳槽，为企业保守机密。

2．取信于同事

在职场中，“七分做人，三分做事”，良好的人际关系是我们顺利开展工作的保障。抛弃虚伪、以诚相待、以信为荣的人际关系，才是最和谐、最美好的。没有和团队的精诚合作，孤军奋战，在现代职场中会让我们举步维艰，很难成功。在企业中，无论是与人相处，还是开展工作，都要实事求是、坚持原则、信守承诺，与同事平等竞争，不弄虚作假，不营私舞弊。

3．正确看待利益

在对待利益的问题上，我们要善于处理自我利益与他人利益、眼前利益与长远利益的关系；要坚持诚信的品质，不受眼前利益的诱惑，坚持自己的原则。如果我们把个人利益看得高于一切，就会迷失自我，变成一个自私自利、目光短浅的人；如果我们将个人利益与企业、社会的利益统一起来，不仅能取得个人事业的成功，也能为企业的发展和社会的进步做出更大的贡献。

（三）做诚信公民

诚信是公民的基本素质要求。做人，首先是要诚实。诚实守信，是为人处世的基本准则，也是中华民族的传统美德。在社会主义市场经济条件下，人们道德意识和道德观念的多样性，不同层次社会成员道德水准的差异性，特别是受利益驱使，尔虞我诈、弄虚作假等问题，表明坚持以诚信为本在加强公民道德建设中显得尤为重要。

是否诚实守信，不仅反映了一个人的思想品质和道德觉悟，反映了一个团体的信用程度，更重要的是它影响到一个人的前途和发展。一个表里不一、言而无信的人，可能蒙混乃至得势一时，但决不会长久，到头来还是让虚伪害了自己。不讲信誉的人是没有前途的人，不讲信誉的民族是堕落的民族，不讲信誉的社会是混乱的社会，不讲信誉的国家是没有希望的国家。诚信原则，不仅体现了加强公民道德建设的本质要求，更是公民道德的重要组成部分。

任务实施

职业院校学生诚信档案

训练目的：

以班级为单位，为每位同学建立诚信档案，记录每位同学的诚信表现，对每位同学讲诚信的言行予以加分，对不讲诚信的言行给予减分，并记录不诚信行为带来的后果。每月进行评分，并确立信用等级指数，将诚信等级载入学生的考核标准，使学生的道德测评同诚信密切联系起来。

训练组织：

学生签订一份“诚实守信承诺书”，一式三份，学生、家长、学校各执一份，每学期考评，学生毕业时将个人的“诚信档案”和“诚实守信承诺书”放入个人档案中。同时，可以实行“诚信”的一票否决制，一名学生即使其他方面都有优秀的表现，但诚信缺失，就取消其评优资格，取消其评定奖学金和推荐就业机会等。定期进行学生讨论和教师点评，以此培养学生的诚信品质，提高道德水平。

训练考核：

学生诚信评价量化考核表

姓　名		班　级		相片
民　族		政治面貌		
出生日期		职　务		
家庭住址及联系电话				

表（续）

学习	扣分原因	扣　分	基础分
诚信	抄袭作业		100 分
评价	考试作弊		共扣分
40%	上课迟到或早退		
	实训作业让他人完成		得分
	其他		
经济	扣分原因	扣　分	基础分
诚信	学费、住宿费、书费未按时交纳		100 分
评价	助学贷款不按时还款、还息		共扣分
20%	其他借款借物到期不还		
	弄虚作假骗取贫困生补助		得分
	其他		
生活	扣分原因	扣　分	基础分
诚信	隐瞒健康情况或出具假健康证明		100 分
评价	使用违禁电器及危险品		共扣分
20%	学生干部不尽职，学生不参加集体活动，不履行义务		
	在教室的课桌椅及墙壁上乱写乱刻		
	吸烟喝酒		
	浏览非法或不健康网站		得分
	其他		
择业	扣分原因	扣　分	基础分
诚信	自荐书内容不属实		100 分
评价	就业合同不履约		共扣分
20%	择业中的不正当竞争行为		
	其他		得分
总　分		等　级	
备　注			

任务二　友善待人，方能善己

学习目标

- 了解友善待人的意义
- 学会尊重他人
- 学会宽容他人
- 学会帮助他人

曾经看过这样一则寓言：有一条大狗，闯入一个四壁装有落地镜的房间，镜中立现它自己的身影，可它误以为对面来了一只狗、一只凶悍的狗，便怒目圆睁摆出一副对阵的架势，结果对面的狗也凶神恶煞一般。不用说，瞬间开战，它有多么凶残，对面的狗就多么凶残，它怒气冲天地与四周的狗拼了一圈，长时间的拼杀以及陷入包围圈的恐惧使它断送了小命。在埋葬它的时候，它的主人说，“假如狗换一种姿态，善待同类，笑对同伴，那么，无论在房间的任何地方，它都会得到友好和关怀。”

这个寓言启示我们，你怎么待人，人家就会怎样待你。“良言一句三冬暖，恶语伤人六月寒”。谁都希望自己碰到的人是友善的，也都希望身处一个友善的社会。友善是待人心平气和，谦虚有礼，是在别人遇到困难时你伸出的一只手，是对陌生人的一个微笑。你的友善付出会让你在人际交往中轻松惬意。

一、友善待人的意义

何谓友善？辞海释为交好，包含善待亲友、他人、社会、自然等意义。善待亲人可以和谐家庭关系，善待他人可以和谐人际关系，善待社会、自然可以形成和谐的社会关系和生态关系。能否以友善的态度为人处世，不但体现着一个人的道德水平，同时也体现了社会的和谐程度。

友善，是中华民族的传统美德。孔融让梨的典故千古流传，六尺巷的故事世人称颂。在处理个人与社会、个人与自然、自己与他人之间的关系时，“取人为善、与人为善”“天人合一”，社会就会和谐安宁，人与自然就会和谐共生，否则就会四处碰壁。

生活实例

有一位单身女子刚搬了家，她发现隔壁住了一户穷人家，一个寡妇与两个小孩子。有天晚上，那一带忽然停了电，那位女子只好自己点起了蜡烛。没一会儿，忽然听到有人敲门。原来是隔壁邻居的小孩子，只见他紧张地问：“阿姨，请问你家有蜡烛吗？”女子心想：“他们家竟穷到连蜡烛都没有吗？千万别借他们，免得被他们依赖了！”于是，对孩子吼了一声说：“没有！”正当她准备关上门时，那穷小孩展开关爱的笑容说：“我就知道你家一定没有！”说完，竟从怀里拿出两根蜡烛，说：“妈妈和我怕你一个人住又没有蜡烛，所以我带两根来送你。”此刻女子自责、感动得热泪盈眶，将那小孩子紧紧地拥在怀里。

生活实例

一把坚实的大锁挂在大门上，一根铁杆费了九牛二虎之力，还是无法将它撬开。

钥匙来了，他瘦小的身子钻进锁孔，只轻轻一转，大锁就“啪”的一声打开了。

铁杆奇怪地问：“为什么我费了那么大力气也打不开，而你却轻而易举地就把它打开了呢？”

钥匙说:“因为我最了解他的心。”

每个人的心，都像上了锁的大门，任你再粗的铁棒也撬不开。

唯有关怀，才能把自己变成一只细腻的钥匙，进入别人的心中，了解别人。人类在探索太空，征服自然后，将会发现自己还有一股更大的能力，那就是爱的力量，当这天来临时，人类文明将迈向一个新的纪元。

二、尊重他人

我们每个人都渴望得到别人的尊重，因为那是发自内心的一种呼唤。但想被尊重，必须先去尊重别人。一个不会尊重别人的人，根本不会得到别人的尊重。常言道“你敬我一尺，我还你一丈”，讲的就是这个道理。一个人能得到别人的尊重，无疑是人生的一种肯定。无论什么人，当他深切地感受到别人的尊重时，就会激发起一种强烈的尊严感和责任感。他就会产生感激之情，就会加倍地尊重对方。因此，只要你能尊重别人，别人同样也会尊重你，谁会尊重，谁就会得到尊重。马克思说“你希望别人怎样对待自己，你就应该怎样对待别人。”那么我们如何去尊重别人呢？

（一）认可与理解

真正的尊重是一份理解、一份认可，尊重意味着理解和认可别人与我们不同的观念、态度和做法。大千世界，五彩缤纷。正像这个世界上没有两片完全相同的叶子一样，我们每一个人也都是独一一无二的，他们有各自不同的思想和生活方式，有不同的情感和追求，正是因为如此，我们的世界才如此的异彩纷呈。要使人际关系更融洽，社会更和谐，我们就要对每一个人的个性、生活方式、思想的差异给予认可和理解，肯定每一个的价值，肯定他们工作和存在的意义，肯定他们的付出，不漠视每一个人，无论是穷人还是富人。对于处于困境的人，也要给予尊重，而不是带着怜悯去施舍，只有这样我们每一个人的尊严和权利才能更好地得到尊重。

尊重不应该因贡献、成就的差别而不同，更不应该因财富、地位、职业的差别而不同，尊重是对个人的价值的肯定性态度和行为，因此，无论人们的职位、年龄、性别、财产、学历、身体状况有何差别，都应该受到尊重。

生活实例

在美国，一个颇有名望的富商在散步时，遇到一个瘦弱的摆地摊卖旧书的年轻人，他缩着身子在寒风中啃着发霉的面包。富商怜悯地将8美元塞到年轻人手中，头也不回地走了。没走多远，富商忽又返回，从地摊上捡了两本旧书，并说："对不起，我忘了取书。其实，您和我一样也是商人！"两年后，富商应邀参加一个慈善募捐会时，一位年轻书商紧握着他的手，感激地说："我一直以为我这一生只有摆摊乞讨的命运，直到你亲口对我说，我和你一样都是商人，这才使我树立了自尊和自信，从而创造了今天的业绩……"

（二）欣赏与关爱

欣赏别人，是一种做人的美德。欣赏别人，不仅能给人以抚慰、温馨，还能给人以鞭策，是人的潜能被充分地激发出来，去争取更大的成功。懂得欣赏别人也是个人修养的体现。因为懂得欣赏别人的人，别人或许压在欣赏你。

欣赏别人，更是一种气度、一种博爱、一种境界。聪明的人在欣赏别人的同时，也在悄悄地提高自己。在这个世界上，我们无法找到完美，任何事物都存在缺陷，正所谓尺有所短、寸有所长，每个人都有他的不足，也都有他闪光的里面，因此我们应该以海纳百川的胸怀去欣赏别人、接纳别人。我们的欣赏对别人来说不仅是一种尊重，也是一种鼓励。在现实生活中，人们总是不自觉地从他人那里寻找自身存在的价值，其内心深处都有被重视、被肯定、被尊敬、被欣赏的渴望。当这种渴望实现时，人们许多潜能和真善美的情感便会被奇迹般地激发出来。

生活实例

很久以前，一位挪威青年男子漂洋过海到了法国，他要报考著名的巴黎音乐学院。考试的时候，尽管他竭力将自己的水平发挥到最佳状态，但主考官还是没能录取他。身无分文的青年男子来到学院外不远处一条繁华的街道，勒紧裤带在一棵树下拉响了手中的琴。他拉了一曲又一曲，吸引了无数人驻足聆听。饥饿的青年男子最终捧起自己的琴盒，围观的人们纷纷掏出钱来，放在了琴盒里。一个无赖鄙夷地将钱扔在青年男子的脚下。青年男子看了看无赖，弯下腰拾起地上的钱，递给无赖说："先生，您的钱丢在了地上。"无赖接过钱，重新扔在青年男子的脚下，傲慢地说："这钱已经是你的了，你必须收下！"青年男子再次看了看无赖，深深地对他鞠了个躬说："先生，谢谢您的资助！刚才您掉了钱，我弯腰为您捡起。现在我的钱掉在了地上，麻烦您也为我捡起！"无赖被青年出乎意料的举动震撼了，最终捡起地上的钱放入青年男子的琴盒，然后灰溜溜地走了。

围观的人群中有双眼睛一直默默关注着青年男子，他就是刚才的那位主考官。他将青年男子带回学院，最终录取了他。这位青年男子叫比尔撒丁，后来成为挪威小有名气的音乐家，他的代表作是《挺起你的胸膛》。

尊重意味着我们给予他人更多的关爱而没有任何附加条件。没有关爱也没有真正的尊重，关爱是人与人之间最温暖的纽带，是和谐人际关系不可或缺的要素。因此我们要带着一颗爱心去对待每一个人，让他们感受到来自你的爱、你的温暖。对别人付出爱也会得到别人的爱，得到别人的尊重。关心别人、尊重别人必须具备高尚的情操和磊落的胸怀。当你用诚挚的心灵使对方在情感上感到温暖、愉悦，在精神上得到充实和满足，你就会体验到一种美好、和谐的人际关系，你就会拥有许多的朋友，并获得最终的成功。

三、宽容他人

（一）尊重差异，包容多样

在经济全球化的今天，我们会面对来自不同国家和民族的多样文化，它们之间既相互交流和借鉴，也有相互碰撞和冲突，在社会生活中，我们会面对各种不同的宗教信仰、风俗习惯，会面对各种不同的观点和思想，会面对层出不穷的新事物，新思潮。我们必须以冷静的、理性的、开放的、包容的心态去面对，去理解差异，去包容多样，这样我们的世界才会变得更和谐、更美好。

（二）加强自身修养，提高道德境界

在日常生活中，我们常常因为对他人的不理解、不宽容而使人际关系紧张，伤了他人，也伤了自己。纷繁世界、芸芸众生，遇到不愉快的人和事都是在所难免的，我们要学会宽容，学会理解、学会克制、学会忍耐。我们要懂的宽容不仅仅是一种美德、一种境界，更是一种处世哲学。常用宽容的眼光看世界，家庭、事业和友谊才稳固和长久。我们无论是在家与家人相处，还是在学校与将来进入社会与老师、同学、同事以及他人的交往中，都要做到严于律己、宽以待人，对他人要有宽心胸、大气量、高姿态，在利益面前让一让，在吃苦面前抢一抢，不要斤斤计较，在看似失去一点利益的同时我们却赢得了别人的尊重，这是一种人生大得。我们也要懂得金无足赤、人无完人，对他人的过错，我们不能总是耿耿于怀，要学会谅解，这是一种美德，也是一种高尚。有了这样的处世态度，我们就会有良好的人际关系，就会让你觉得人生很幸福、很快乐。

（三）让宽容成为一种习惯

宽容一次很容易，可是要使宽容成为一种习惯，成为一个人待人处事的原则，就不是一蹴而就，一朝一夕的事的了，它需要不断地坚持，不断地尝试，不断地祛除心中的狭隘和自私，不断地开放我们的思想和心态，不断地提升我们的品质和境界。凡事贵在坚持，每天都尝试着去宽容，每天都给别人一个宽

容的微笑，久而久之，宽容的种子就会在你心里扎根成长，最终成为你品质的一部分，成为你的一种习惯。

生活实例

在日常生活中，快乐和烦恼无处不在，但人们却常会忘记“境由心生”这么简单的道理，一个快乐的人能精心培养自己的心境，常释怀、常宽恕、常清心、常寡欲，让快乐的心享受最简单、快乐的生活。记得我读过这样一个小故事，有位非常喜爱兰花的高僧，他在寺庙里种了许多兰花，每天都要抽时间去照料这些花，有一天，他要外出云游，就交代弟子，要精心照顾兰花。高僧走后，弟子们有天浇水时架子倒了，所有的兰花都被砸坏了，弟子们非常恐慌，怕师傅回来责罚。高僧回来后得知此事，不但没有责怪，反而安慰弟子道：为师种兰花一是为了供佛，二来是为美化寺里环境，不是为了生气而来种兰花的，你们不必为此自责了。故事中的高僧说得好，不是为了生气而种兰花的，这是怎样的开阔胸怀，他之所以看得开，是因他虽喜欢兰花，但事已至此，生气于事无补，且有违初衷。而在现实生活和工作中，人们有时却不明白这个道理，遇事不能释怀，看不开，放不下，情绪起伏，因此而不快乐。如果我们能在生气之际想到：我不是为了生气而结婚的；不是为了生气而工作的；不是为了生气而交朋友的；那么快乐也会常伴你我的。其实快乐和烦恼是由我们自己的心态去调整的。试想如果同一件事，一盆价值不菲的兰花被我们的孩子不小心打坏，也许孩子被责罚，也许自己懊悔不该把盆花放在易被打坏的位置，也许，太多的也许。而高僧和我们常人的差距只是一个心态的选择。

拓展阅读

管仲和鲍叔牙

春秋时期的政治家管仲和鲍叔牙是好朋友，他们曾经合伙做生意，分红的时候管仲总要多拿一些，鲍叔牙从不计较。管仲曾经做了三次官，但是每次都被罢免，鲍叔牙认为不是管仲没有才干，而是因为管仲没有碰到赏识他的人。

后来，管仲和鲍叔牙都从政了。管仲辅佐在鲁国居住的王子纠，而鲍叔牙则在莒国侍奉王子小白。不久，齐国国王被杀死，王子纠和小白急忙动身往齐国赶，争夺王位。两支队伍正好在路上相遇，管仲驱车拦截小白，引弓射箭，正中小白的腰带，小白弯腰装死，骗过管仲。

小白当上齐国君主后，就让鲁国把王子纠杀死，把管仲囚禁起来。小白想让鲍叔牙当上卿（丞相），帮助他治理国家。鲍叔牙却认为自己没有当相的能力，大力举荐被囚禁在鲁国的管仲。小白不同意，他说："管仲当初射我一箭，我不杀他就算好的了，怎么还能让他当相？"鲍叔牙马上说："我听说贤明的君主是不记仇的。更何况当时管仲是为王子纠效命。一个人能忠心为主人办事，也一定能忠心地为君王效力。陛下如果想称霸天下，没有管仲就不能成功。"小白终于被鲍叔牙说服了，把管仲接回齐国。并拜管仲为相。

管仲当了齐国的相后，而鲍叔牙却甘心做管仲的助手。在管仲和鲍叔牙的合力治理下，齐国成为诸侯国中最强大的国家，小白成为春秋第一霸主，史称"齐桓公"。

鲍叔牙死后，管仲在他的墓前大哭不止，想起鲍叔牙对他的理解和宽容，管仲感叹说："生我的是父母，了解我的是鲍叔啊！"

四、帮助他人

心理学家认为，心存善良，就会以他人之乐为乐，乐于扶贫帮困，心中就常有欣慰之感；心存善良，就会与人为善，乐于友好相处，心中就常有愉悦之感；心存善良，就会光明磊落，乐于对人敞开心扉，心中就常有轻松之感。总之，心存善良的人，会始终保持泰然自若的心理状态，这种心理状态能把血液的流量和神经细胞的兴奋度调至最佳状态，从而提高机体的免疫能力。所以，友善是心理养生不可缺少的高级营养素。心地善良有时还会带来意想不到的收获。

生活实例

有一个贫穷的小男孩为了攒够学费正挨家挨户地推销商品。他劳累了一整天感到十分饥饿，但他摸遍全身，只剩一块钱。怎么办？他决定向下一户人家讨口饭吃。当一位女孩打开房门时，看到他很饥饿的样子，就拿了一大杯牛奶给他。当小男孩想付给她一块钱表示感谢的时候，女孩回答道："不用，妈妈教导我们，施以爱心，不图回报。"数年之后，那位已长大了的女孩得了一种罕见的重病，当地的医生对此束手无策，她被转到大城市请专家会诊治疗，而当年的那个小男孩如今已是大名鼎鼎的霍华德·凯利医生了，他也参与了医治方案的制订。当看到病历上所写的病人来历时，凯利医生一眼就认出了病人就是那位曾帮助过他的人。凯利医生要求把医药费通知单送到女孩手中，女孩很害怕，因为她确信，治病的费用将会花去她的全部家当。当她翻开医药费通知单的时候，却惊讶地看到上面赫然写着："医药费=一满杯牛奶。"

在我们生活和工作中，可能经常会遇到上面这个小男孩这样的情况，当别人身处困难的时候，我们一句安慰的话，一点点力所能及的帮助，在自己的能力范围之内尽心尽力地做点什么，都能展现我们友善真诚的一面。

赠人玫瑰，手有余香，你努力使别人快乐，也能使你自己快乐。因为当你帮助别人时，自己的心灵也能得以净化，使自己得到更大的精神满足，而且帮助别人，不仅使别人解决困难，减少烦恼，还可以结交更多的知心朋友，得到更大的快乐。

生活实例

一个少年在企图行窃时，被躺在床上的一位女孩发现了。女孩并没有报警，而是装作并不知道他是小偷的样子，热情地邀请他与自己聊天。

他们聊得很开心。少年临走前，女孩用自己的阿马提小提琴为他拉了一首曲子，然后又把琴送给了少年。后来，当少年再去找女孩时，得知女孩因患骨癌已离开人世，少年在她青色的墓碑上看到镌刻着“把友善奉献给这个世界，所以我快乐”的墓志铭。这件事深深地触动了这个少年，他从此变了样。在贫困和苦难中，他重拾自尊，心中燃起了走出逆境的熊熊烈火。最终，昔日的少年成材了，在世界第一流的悉尼大剧院，他深情地拉起了悠扬的曲调——把它献给那位女孩。小女孩善待少年，是为了体面地维护他的尊严。她的友善、宽容和爱心，震撼了一个迷途少年的心，让他重新树立信念，扬起生活的风帆。一次友善的交谈，一首优美的曲子，就这样改变了他的一生。

生活实例

这是发生在英国的一个真实的故事。

有位孤独的老人，无儿无女，又体弱多病。他决定搬到养老院去。老人宣布出售他漂亮的住宅。购买者闻讯蜂拥而至。住宅底价 8 万英镑，但人们很快就将它炒到了 10 万英镑。价钱还在不断地攀升。老人深陷在沙发里，满目忧郁，是的，要不是健康情形不佳，他是不会卖掉这栋陪他度过大半生的住宅的。

一个衣着朴素的青年来到老人眼前，弯下腰，低声说：“先生，我也好想买这栋住宅，但我只有 1 万英镑。可是，如果您把住宅卖给我，我保证会让您依旧生活在这里，和我一起喝茶、读报、散步，天天都快快乐乐的——相信我，我会用整颗心来照顾您！”

老人颔首微笑，把住宅以 1 万英镑的价钱卖给了他。

任务实施

案例讨论

有个业务员曾说过这样一个例子。他的工作是为强生公司拉顾客，顾客中有一家是药店。每次他到这家店里去的时候，总要先跟柜台的营业员寒暄几句，然后才去见店主。有一天，他到这家商店去，店主突然告诉他今后不用再来了，他不想再买强生公司的产品，因此强生公司的许多活动都是针对食品市场和廉价商店而设计的，对小药店没有好处。这个业务员只好离开商店。他开着车子在镇上转了很久，最后决定再回到店里，把情况说清楚。

走进店里的时候，他照常和柜台上的营业员打过招呼，然后到里面去见店主。店主见到他很高兴，笑着欢迎他回来，并且比平常多订了一倍的货。这个业务员对此十分惊讶，不明白自己离开店后发生了什么事。店主指着柜台上一个卖饮料的男孩说："在你离开店铺以后，卖饮料的男孩走过来告诉我，你是到店里来的推销员唯一会同他打招呼的人。他告诉我，如果有什么人值得同其做生意的话，就应该是你。"从此店主成了这个推销员最忠诚的客户。这个推销员说："我永远不会忘记，关心、尊重每一个人是我们必须具备的特质。"

讨论：

故事中的推销员靠什么取得了店主的欢迎？他的行为给我们什么启示？

任务三　公平公正，无私无畏

学习目标

◈ 了解公正的意义

◈ 学习做一个公正的人

哈佛大学有一个图书馆，一直珍藏着当年哈佛牧师赠送的一批书，并规定学生只能在馆内阅读，不能携出馆外。一个深夜，大火烧毁了哈佛楼。在大火发生前，一名学生碰巧把哈佛牧师捐赠的一本书带出了馆外，打算在宿舍里细细品读。第二天他得知大火的消息，意识到自己从图书馆携出的那本书，已是哈佛捐赠的250本书中唯一存世的了。

经过一番思想斗争后，他找到当时的校长霍里厄克，把书还给了学校。霍里厄克校长收下书，感谢了他，然后下令把他开除，理由是这名学生违反了校规。

不开除这名学生行吗？可以，因为毕竟是他使哈佛牧师的书留下了一本，我们甚至可以为他找出种种貌似公正的理由使其免于处罚。但霍里厄克校长并没有这么做，他感谢那位同学，因为他诚实（把违反校规带出馆外的书又送了回来）；开除他，是因为有校规。在学校里，每个人必须遵守校规，没有人可以例外。这就是哈佛的理念：让校规看守哈佛的一切。

一、公正的意义

（一）全社会呼唤公正

“公正”即公平、正义。在社会生活中，“公正”一般包含两个方面的涵义：一是指按同一原则或标准对待处于相同情况的人与事，亦即通常所说的“一视同仁”，包含着平等的意义；二是指所得到的与所付出的相称或相适应，如贡献与报偿、功过与奖惩之间，相适应的就是公正，不相适应的就是不公，亦即所谓“得所当得”。公正表现在社会生活和社会关系的各个方面，如交换、分配、奖惩、执法、用人等。

公正是天平，它保持中立，不偏不倚；公正是阳光，它普照万物，温暖人心；公正是利剑，它划破黑暗，惩奸除恶；公正是基石，它支撑着社会大厦，保持着社会稳定和谐。

（二）公正就没有是非

明朝思想家吕坤在《呻吟语·治道》中说：“‘公正’二字是撑持世界底。没了这二字，便塌了天。”一个人，若无公正之心，便与混蛋无异；一个社会，若缺失公正，将是非颠倒、混乱不堪。

纵观我国历史，凡是极权统治，均无公正可言。同样，没有公正的社会，必定腐朽没落、民不聊生。然而即便在最黑暗的统治时期，仍不乏仁人志士为了社会公正铁骨铮铮、大义凛然、奔走呼号。我国著名的爱国科学家、曾任浙江大学校长的竺可桢先生就是典型代表之一。

名人风采

1947 年，浙江大学学生会主席于子三因积极带领学生进行反内战、反饥饿、反迫害的斗争，被国民党特务抓捕后遭枪杀。时任浙大校长的竺可桢设法营救失败，当他得知于子三被杀，急忙赶到现场，只见于子三倒在一片血泊之中，喉咙正中有一个小孔，两眼犹睁，仿佛还在控诉国民党特务的暴虐。然而，国民党的检察官要竺可桢签字，证明于子三是“用玻璃自杀身亡”。竺可桢当即拒绝，说：“我只看到于子三已死，决不能证明他是自杀！”说罢，愤然离去。随后，竺可桢向社会公开发表谈话要求严惩凶手，他的谈话在报上登载后，引起强烈的社会反响。国民党政府大为恼火，派人威胁并责令竺可桢更正谈话。竺可桢断然回答：“报载是实，不可更正！”

竺可桢校长宁可冒被迫害的风险，也决不做假证。他明辨是非，维护正义，赢得了浙大师生和国人的敬仰。

公正是一种值得颂扬的品格。当拥有一颗公正之心时，外在的行为将变得特别美好。古罗马哲学家说：“公正是各种美德中享誉最高的美德。”一个公正的人，将赢得他人的信任与尊重，具有崇高的威望；一个公正的社会，人们的合法权利将得到有力的保护，人们将会更有安全感和幸福感。

二、做一个公正的人

儿童时代起就伴随同学们成长的奥特曼、正义大侠、美少女战士等，每一个正义的化身都带给我们无限的期望与帮助，敬佩正义侠士表明了每一个人内心的渴望，都希望自己成为一个公正的人。

《辞源》对于公正的解释是：“不偏私，正直。”做一个公正的人，也就是做一个坚持原则、正直无私的人。作为社会成员，我们要从自己身边做起，从小处着眼，努力培养自觉遵守各项社会制度、规则和程序的良好习惯，以实际行动维护社会公正。

作为学生，我们要自觉遵守学校的各项规章制度。面对排队时的夹塞行为、扰乱课堂秩序、破坏校园设施等违反规章制度的现象，要有明确的是非观；还应该树立与邪恶做斗争的勇气，成为公正维护规章制度的模范。我们要学会公正地对待自己和他人，正确评判事物，尽可能站在公正的立场，说公正的话，培养公正的品格，做一个公正的人。

任务实施

案例讨论

一、青岛考生起诉教育部案基本案情介绍

山东青岛3名当年参加高考的考生——青岛铁一中高三四班姜妍（理科，高考成绩522分）、青岛一中高三四班栾倩（文科，高考成绩457分）和青岛十五中高三九班张天珠（文科，高考成绩506分），由于未能达到山东省当年的重点大学的分数线，而不能就读重点大学。2001年8月23日，他们分别委托律师，以邮寄方式向最高人民法院起诉教育部侵犯了公民平等的受教育权。理由是，教育部以制订招生计划的形式，造成了全国不同地域考生之间受教育权的不平等，尤其是北京地区的高考录取线大大低于全国平均水平，比山东省低100多分。考生的诉讼要求是请求最高人民法院确认教育部所做出的“关于2001年全国普通高校高等教育招生计划”的行政行为违法，并向教育部发司法建议书，以避免今后再发生类似的行为。9月3日，最高人民法院告知他们：根据《行政诉讼法》第十四条第二款规定，对国务院各部门或省、自治区、直辖市人民政府所作的具体行政行为提起诉讼的案件，由所在地中级人民法院受理。也就是说，3位当事人应该到北京市一中院起诉。鉴于以上原因，诉状寄回。9月8日，3位当事人及其家长决定终止这起诉讼。

二、原被告及法院的观点

原告认为：

1. 被告是具有国家行政职权的机关，做出了违法行政行为。

被告作为我国最高行政机关的下属机关，具有对我国的教育包括高等教育考生的录取行使管理、监督的行政职权。依据这种行政职权，被告在2001年4月16日做出了关于2001年全国普通高等院校教育招生计划的行政行为，该行政行为是以教发（2001）23号一个“通知”的形式做出的。

依据《行政诉讼法》以及最高人民法院关于《执行〈中华人民共和国行政诉讼法〉若干问题的解释》，被告的行政行为与现行宪法直接冲突，侵犯了宪法赋予公民平等接受教育包括高等教育的基本权利。

中国是社会主义的民主国家，这一点在制定宪法时体现得尤为明显。作为中华人民共和国的公民，原告一直很自豪。因为我们的宪法赋予了公民如此广泛的基本权利，这其中就包含了平等权和受教育权。

平等作为我国宪法的基本原则，已经体现在各个领域。男女平等、民族平等和家庭内部成员之间的平等都是宪法的平等原则在不同领域的具体体现，而平等原则体现在受教育权上就是指公民享有平等的受教育权。

平等的受教育权意味着接受教育（包括高等教育）的资格平等，权利能力的平等。只要是中华人民共和国的公民，具备相应的行为能力，不分财产状况、居住年限、地域和宗教信仰等，在法律上都应该被认定为具有平等的接受高等教育的资格。而这种资格的具体体现，就是一年一度的国家组织的统一考试——高考。

从平等的受教育权原则出发，除非特殊专业需要特殊的身体条件，否则，所有的考生在高考当中只有一样区别，就是分数。只有分数的区别可以决定考生最终是否能够接受高等教育，以及进入哪一所高校接受高等教育。

平等的受教育权作为一种宪法权利同时也规定在《中华人民共和国教育法》中，任何人、任何组织不能以任何形式来限制和剥夺公民的这种基本权利。而被告作为一个长期主管高等教育的行政主体，明知宪法规定的公民享有平等受教育权，却以一纸“通知”将原告这种权利进行限制和剥夺。

被告的行政行为之所以侵犯了原告的平等受教育权，就在于被告在该行政行为中根据不同地域范围对招生人数做了不同的限定，这种限定使得不同地域的考生被划分成了高低不同的等级，并在这不同的等级中参加高考。等级之间分数标准差异巨大，从而直接侵犯了包括原告在内的广大考生的平等受教育权。

众所周知，在中国，高考是人生的一个重要转折点，能否上大学、上哪一所大学对原告这样一个尚未完全踏入社会的青年来讲，可以说是决定了其今后的命运。而被告在2001年4月16日的行政行为却使原告及其他许多与原告有相同命运的考生在未参加高考以前，已经被被告人为地做了区分，这种区分使得原告在高考中对同一份试卷的回答必须比其他的考生（如北京）高出100～120分才能取得与他们相同的接受高等教育的资格。这里显然没有显示出“平等接受教育权”，造成如此结果的，即是被告的行政行为。

2. 被告的行政行为属于可诉范围

《行政诉讼法》规定了法院受理行政诉讼案的范围。根据最高人民法院关于执行《中华人民共和国行政诉讼法》若干问题的解释第一条的规定：“公民、法人或者其他组织对具有国家行政职权的机关和组织及其工作人员的行政行为不服，依法提起诉讼的，属于人民法院行政诉讼的受案范围。”

而第三条行政诉讼法第十二条第（二）项排除性规定的“具有普遍约束力的决定、命令”，是指行政机关针对不特定对象发布的能反复适用的行政规范性文件。在本案中，被告的行政行为则是每一年分别做出，适用于特定地域对象，并且不能反复适用。因此，被告的行政行为属于可诉范围。

原告参加了2001年度的高考，分数是高分，这一分数已经大大超过了北京市的重点大学分数线。然而，由于被告的行为，作为一名青岛考生，原告却连专科学校都无法入读。原告平等接受高等教育权利的受损与被告的行政行为有法律上的直接利害关系，是适格的诉讼主体，有权请求法院司法判断被告行为的违法性。根据《行政诉讼法》第16条的规定，最高人民法院有权管辖此案。

最高法院的态度：

最高院以《行政诉讼法》第14条第（二）项规定“中级人民法院管辖下列一审行政案件：……（二）对国务院各部门或者省、自治区、直辖市人民政府所作的具体行政行为提起诉讼的案件；……”为由，驳回了原告的起诉。随后原告方并未再向北京市中级人民法院起诉，称其起诉的目的只是在于引起大家对此问题的注意，至今其目的已经达到。

三、本案评论

1. 教育部规定的不同地区不同分数线的规定是否违反了平等的受教育权？

法律规定和保障的平等权一般意义是“形式上的平等”，即通常所说的“机会平等”，要求人们参加自由的竞争，保障人们在各种活动中起点上的平等。但社会的各个公民由于自身所不能改变的客观原因，如自然资源、社会资源的先天拥有和分配不均，自然和历史形成的社会和个体差异等，绝对地实行和保障形式上的平等就可能导致事实上的不平等。现代宪法或多或少地吸收了“实质上平等”的原理，即在起点时给予“弱者”以合理的优待。例如，在选举法中所规定的在人大选举中，少数民族代表所代表的人口基数可以少于汉族代表所代表的人口基数，用以体现对少数民族的照顾；又如在男女平等上，由于妇女生理上的特殊原因，在劳动中对妇女的特殊照顾和保护等。

实行实质上的平等必须以“合理的差别”为前提，对于何为合理的差别，法律上还未有明确的界分标准，可综合各方面的因素综合考虑加以确认。同时，合理的差别还要限定在合理的限度以内，以免造成新的不平等。

从本案来看，我国西部地区，特别是西部少数民族地区，由于自然、经济和历史等诸多的原因，教育水平较低，教育资源，特别是师资资源相对于东部贫乏等，致使考生的分数相对较低，与东部考生，如山东考生等事实上存在着“合理的差别”。在全国统一试卷、统一考试的情况下，适当降低西部考生的分数线，为西部培养更多的人才，是实质平等的体现。但分数的差距应在合理的范围内，应在充分考虑东西部招生考试人数、计划人数和实际分数的基础上确定，否则就是行政自由裁量权的“恣意”行使，必然造成对东部考生的不平等。

北京、上海等大城市的分数线低于山东，则明显违反了平等权原则。因为北京、上海的教育水平高于山东。从相关报道来看，北京、上海等地的分数线低于山东的原因一般是：山东考生较多，而高校相对较少，北京、上海考生较少，而高校较多。这不应成为“合理的差别”，恰恰是“不合理的差别”，是对平等权的明显违反。

2. 在中国现行的宪法监督体制下，公民的宪法权利受到侵犯时，缺乏必要的救济途径。

“没有救济就没有权利”，缺乏必要的救济途径，宪法规定的公民基本权利再多，也只能存在于“纸上宪法”之中，而达不到规范的目的和作用。

我国的宪法监督模式，是全国人大和全国人大常委会监督宪法的实施。《宪法》第五条第二款规定：“一切法律、行政法规和地方性法规都不得同宪法相抵触。”在抵触的情况下，全国人大或全国人大常委会可以予以撤销。《立法法》第 90 条规定了提请人大常委会审查法律、法规合宪性的程序和模式，其中第二款规定：“……公民认为行政法规、地方性法规、自治条例和单行条例同宪法或者法律相抵触的，可以向全国人民代表大会常务委员会书面提出进行审查的建议……”在中国现行宪法监督从来未被激活和未有操作先例的环境下，公民的这种建议被采纳的可能，应该是微乎其微。而且该条只规定公民可建议审查行政法规、地方性法规、自治条例和单行条例，没有规定规章和其他规范性文件违宪的监督途径。而且根据我国《行政诉讼法》第 2 条的规定，公民只可对行政机关的具体行政行为向法院提起诉讼，抽象行政行为不具有可诉性。本案中教育部的行政行为即属于抽象行政行为。这就使本案中的三原告——青岛的三考生处于一种两难的选择之中，要么是无法救济，要么是救济申请被驳回。因此应借鉴其他国家已成熟的宪法监督模式，如德国的宪法诉愿制度等，在不违反中国现行宪政体制的情况下完善中国的宪法监督模式，以切实保障公民的宪法权利。

3. 在本案中考生的宪法权利——知情权未得到保障。

知情权，又叫知悉权。在第二次世界大战后，知情权作为宪法权利得以广泛地确认。根据法治原则，公民有权利了解行政机关做出行政行为的理由，同时行政机关也有义务说明理由。根据英国的传统法治原则——自然公正原则，当行为可能对相对人不利时，应给其答辩的机会，听取其意见。这一法治原则得到众多国家的认可。

本案中，教育部做出的规定，涉及广大考生的利益，但并没有说明划定各地分数线不同的理由，而且各地的分数差距很大。如同为西部的新疆和西藏，和山东的分数就有不同的差距，教育部也没说明理由，而且未给广大的考生发表意见的机会，也不符合现代法治原则。

——安徽财经大学《宪法学》精品课网站（有删节）

讨论：

关于这篇材料你有什么看法？

拓展阅读与思考

孟母教子

孟母择邻：近朱者赤，近墨者黑

孟子家最初的住处靠近一片墓地，经常能看到出殡送葬的人群从附近经过。孟轲与其他孩子喜欢模仿送葬的人群，玩抬棺材、掩埋死人的游戏。孟母认为这样的环境妨碍孩子健康成长，于是决定搬家。

孟母带着孟子迁居到远离墓地的庙户营村，那是一处繁华的集镇。孟轲置身于闹市之中，渐渐地与镇上的孩子们熟悉了，同他们玩起做生意的游戏，与同伴们学习商贩叫卖吆喝，讨价还价，还学屠夫杀猪宰羊。孟母觉得这里仍然不是培养孩子的理想场所，孩子容易受小商贩的影响，不认真读书。于是在这里刚居住了半年后再一次搬迁了住处。

这次，他们搬到了“子思书院”的旁边。搬来后，天资聪颖的孟轲就被书院里的琅琅读书声所吸引，常到书院里跟着学习诗书，演习礼仪。孟母很高兴终于找到了培养孩子的理想场所，从此就在这里定居下来了。后来孟母把孟子送入学宫，随子思的弟子学习，终使孟子走上求学之路。

断织教子：持之以恒，方成大器

孟子虽然天性聪颖，但是也有一般孩子的顽皮。到学宫学习了一段时间后，期初的新鲜劲过去了，又开始贪玩，有时还逃学。有一次孟子早早地跑回了家。孟母知道他又逃学了，于是把孟子叫到织机前，把织了一半的布全部割断。孟子惊问为什么要这样做。孟母回答说："学习就像织布，靠一丝一线长期的积累，只有持之以恒，坚持不懈，才能获得渊博的知识，才能成才。逃学就如织布断了线，半途而废，必然一事无成。"孟子幡然大悟，从此勤学苦读，再也没有逃学，终成一代大儒。

杀豚不欺子：诚信是金

孟母对于孩子品格的养成同样十分重视。有一次，邻居家正磨刀准备杀猪。孟子非常好奇，就跑去问母亲："邻居在干什么？""在杀猪。""杀猪干什么？"孟母笑了笑，随口说道："给你吃啊。"刚说完，孟母就后悔了，心想本来不是为孩子杀的猪，我为什么欺骗他呢？这不是教他说谎吗？为了弥补这个过失，孟母真的从邻居那里买来杀猪肉做给孟子吃。

万事礼为先：遵德守礼，修养品性

孟子娶妻后，认为妻子太过倨傲，不喜欢。一天，天气十分炎热，妻子从田间劳作回家，进了房间蹲在地上，正巧孟子突然推门进来。看到妻子蹲在地上凉快，孟子异常生气，认为妻子不守礼节，当即就有了休妻的念头。孟母知道以后严厉斥责孟子：你进门之前应该先敲门问屋里是否有人，才能进去。没敲门推门而入，是你先失礼节，并不是你妻子的过错啊。听了母亲的话，孟子深感自己过于鲁莽，也惭愧于自己没有把所学应用于生活当中，自此对妻子芥蒂尽除，与妻子和好如初。

劝子远行：志在高远，母爱伟大

在齐国，孟子的政治主张没有被齐宣王采纳，他很想去宋国推行他的政治主张，可又担心母亲年事已高无人照料。

孟母知道后对儿子说，"孩子在未成人之前要听从家长的教诲，不要随意反驳长辈的训导；成人之后要持家执业，孝敬长辈，教育幼小；如果夫君不幸先己而去，就要坚守好自己的本分，想办法抚养小孩长大成人，并尊重子女的生活理念。现在你已经长大了，而我也老了，你去追求你的理想，我守我的规矩。”孟母的一席话解除了孟子的担忧和犹豫。孟子随后离家周游列国，他的政治主张在许多诸侯国得到顺利推行。

而此时，为儿子倾尽毕生心血的孟母，在儿子功成时，欣慰地闭上了眼睛。在归葬故乡的途中，沿途经过的地方，无论民众官员，都争相在路旁祭奠，表达对这位伟大母亲的尊敬和哀思。

学习与探究

学生阐述观点：

教师点评观点：

学生进行总结：

项目四　自信自立，敢于担责

任务一　相信自己，力量之源

学习目标

- 了解自信的内涵
- 了解自信和自负的区别
- 学习做一个自信的人

克里姆林宫曾有位尽责的老清洁工，她每天都在认真收拾红墙内的灰尘和垃圾，同时也把散落在心头的苦闷和迷惘一起清扫掉。她说：“我的工作同总统的工作差不多，总统是在收拾俄罗斯，我是在收拾克里姆林宫。每个人都是在做好自己该做的事。”

她说得那么轻松、怡然，很使人感动，也很令人深思。

生活中的我们，也都在忙碌地处理各种问题。往大说，国家的事、单位的事；往小处说，家里的事、邻里的事、柴米油盐忙不完的事。有的人甚至在生命结束前，还要留下遗嘱，要让后人继续完成他的未竟之业。与这位清洁工相比，我们有些人就显得过于自卑：在权势面前，他们自轻自贱；在富有者面前，他们馋涎欲滴。这些自卑者们，抱怨生活不公，悔恨生不逢时，可是他自己承担的那份工作却又弄得一塌糊涂。这些人常常是小事不愿做，大事做不来，动不动就怨天尤人，结果往往是“荒了自己的地，也没种好别人的田”。

一、什么是自信

自信是指自己相信自己，相信自己在某件事情上是对的，或者认为自己能够做好某件事。

心理学者认为，自信心就是积极地、有效地表达自我价值、自我尊重、自我理解这些内在情感。自信心可以产生“波纹效应”，这就是说，有了自信，他就可能获其他优秀的品质，如很好地应对压力，更好的判断力，更好的学习表现等。从其本质来说，自信是一种导致行动的品质，有了自信心，就可以产生一股巨大的力量，发挥神奇的效果，使你有勇气去面对艰苦的环境。

自信是成功的第一秘诀，是一个人取得成功的内在驱动力。树立起自信，用信念发出自己内在的勇气和雄心，是迈向成功人生的第一步。

自信行为表现的特征包括：（1）敢于表达消极情感。例如，敢于拒绝他人过分的请求，争取自己的权利。表达自己的愤怒，要求搅扰自己的人改变他们的行为。（2）接受并积极应付个人极限，指敢于承认自己犯了错误，虚心接受批评，谦逊好学，能够不耻下问。（3）敢于表达自己，指敢于表达不同的意见，不迷信权威，不人云亦云，承认自己与他人在观点上存在差异。（4）积极的行为，指能够发现别人的优点或成就，善于表扬他人，也能坦然接受他人的赞扬。

生活实例

阿仑尼乌斯是瑞典科学家，他创立了物理化学。他年轻时，得出电离理论并将它告诉母校老师，遭到了老师无情的讽刺。但这并没有动摇他的自信心。他把自己的理论写成学术论文，交学校学术委员会，结果又被否决。这时，阿仑尼乌斯依然充满自信。他又把论文寄给欧洲四位有名的化学家，终于得到了他们的肯定。阿仑尼乌斯继续丰富自己的电离理论，因此获得诺贝尔奖。

生活实例

小泽征尔是世界著名的交响乐指挥家，在一次世界优秀指挥决赛中，他按照评委给他乐谱指挥演奏，敏锐地发现乐曲中出现了不和谐的声音，开始他以为为是演奏错了，就指挥乐队停下来重奏，但仍觉得不对，他感到乐谱确实有问题。可是，在场的作曲家和评委会权威人士都声明乐谱不会有问题，是他的错觉。面对几百名国际音乐大师和权威人士，他思考再三，坚信自己的判断是正确的。于是，他大声说：“不！一定是乐谱错了！”他的声音刚落，评判席上那些评委们立即站起来，向他报以热烈的掌声，祝贺他大赛夺魁。

原来，这是评委们精心设计的一个圈套，以试探指挥家们在发现错误而权威人士不承认的情况下，是否能够坚持自己的正确主张。前两位参赛的指挥家虽然也发现了错误，但终因随声附和权威们的意见而被淘汰。小泽征尔却因充满自信而摘取了世界指挥家大赛的桂冠。

二、自信和自负的区别

自负和自信在意识形态方面是有着本质差别的。但是，就像世界观、人生观会在一个人的不同年龄不同境遇阶段发生改变一样，自信与自负，同样可以在一定条件下转换位置。

其实自信与自负的人，是很容易区分的。比如说都是去参加一个培训，自信的人会本着空杯心态，去多学点东西会认真的参与，虚心学习；自负的人则是自满着去，不是抱着手冷眼旁观，就是指指点点评价别人讲得如何，作专家状。结果自信的人多了一个学习交流的机会，学得了新知识或技能，提升了自己；自负的人去当了一回旁观者或编外评委，浪费了时间精力，除了更加自负以外，什么也没得到。

生活实例

有人问："李小双，你最崇拜的人是谁？""我自己。"他心态平和并无张狂，而，一种充满自信的心声。

李宁曾称赞李小双："他比我'牛'多了！"并在文章中写道："每次看小双比赛是热血沸腾，激动不已。他那种一出场就咄咄逼人的气势，使对手望而生畏，而心十足的样子又容易给裁判留下最佳的印象，那旺盛的斗志，又让同伴感到了一心。"李小双的确充满自信。当他连续三届被评为"全国十佳运动员"时，他对记者说："这表明我在中国体坛和体操队的地位……"1995 年在日本夺得体操全能冠军后，他又坦言："我还有更大的潜力，我很遗憾这次运动会上有一些外国选手发挥不是很好，咱们亚特兰大再见……"果然，在 1996 年亚特兰大奥运会上，李小双荣获体操男子全能冠军。

三、自信引领你走向成功

奥里森·马登说过这样一段耐人寻味的话："如果我们分析一下那些卓越人物的人格品质，就会看到他们有一个共同的特点：他们在开始做事前，总是充分相信自己的能力，排除一切艰难险阻，直到胜利！"自信可以从困境中把人解救出来，可以使人在黑暗中看到成功的光芒，可以赋予人奋斗的动力。"自信创造世界"！

当一个人极度地渴望成功和充满强烈的自信的时候，那么他心中的信念之火定会熊熊冲天；而当他的信念之火不熄的时候，更会增强他的自信，激励他走向成功的目标。不论是在智力、体力或是处理事情的能力上，自信心都有着非比寻常的重要性，对一个人的发展，具有无法预估的力量。自信心就像催化剂一样，它可以把人生命中的一切潜能激发出来，让所有的功能调整到最佳状态。

在许多成功者身上，都可以很清楚地看到他们因自信而散发出的成功光芒。这就是自信的力量！力量是成功之根本，自信是力量之源泉。相信自己，依靠自己，带着一种坚定的信念始终不渝地奔向目标梦想和终极的幸福，你将发现你整个人都会充满奋进的激情，驾驭生活的能力会更强，随之你的生活态度也将变得更加乐观，你的人生也会因此充满快乐，会更加的绚丽辉煌。

任务实施

案例讨论

珍妮是个总爱低着头的小女孩，她一直觉得自己长得不够漂亮。有一天，她到饰物店去买了只绿色的蝴蝶结，店主不断地赞美她戴上蝴蝶结挺漂亮，珍妮虽不信，但是挺高兴，不由昂起了头，急于让大家看看，出门与人撞了一下都没在意。珍妮走进教室，迎面碰上了她的老师，“珍妮，你昂起头来真美!”老师爱抚地拍拍她的肩说。那一天，她得到了许多人的赞美。她想一定是蝴蝶结的功劳，可往镜前一照，头上根本就没有蝴蝶结，一定是出饰物店时与人一碰弄丢了。自信原本就是一种美丽，而很多人却因为太在意外表而失去很多快乐。

讨论：

从这个试验中，我们可以得到什么启迪？你的自信心是否具备了？你还有多少潜能有待于挖掘？

任务二　学会自立，生存之本

学习目标

◈ 了解自立的内涵

◈ 了解自立与自尊的关系

◈ 了解自立与成功的关系

◈ 学习做一个自信自立的人

一个人在高山之巅的鹰巢里，抓到了一只幼鹰，他把幼鹰带回家，养在鸡笼里。这只幼鹰和鸡一起啄食、嬉闹和休息。它以为自己是一只鸡。这只鹰渐渐长大，羽翼丰满了，主人想把它训练成猎鹰，可是由于终日和鸡混在一起，它已经变得和鸡完全一样，根本没有飞的愿望了。主人试了各种办法，都毫无效果，最后把它带到山顶上，一把将它扔了出去。这只鹰像块石头似的，直掉下去，慌乱之中它拼命地扑打翅膀，就这样，它终于飞了起来！

一、什么是自立

自立作为成长的过程，是我们生活能力的锻炼过程，也是我们养成良好道德品质的过程。在这个过程中我们不断地完善自己，学会自尊，增强自信，提高法律意识，独立思想，做出正确的自我的决定。自立是生存的开始，是成功的保证。要在社会竞争中取胜，就应当“扔掉依赖的拐杖”。自立自强，人生的成功就会向你一步一步走来。

自立，包括经济的自立，思想的自立，能力的自立，情商的自立，还有能照顾好自己。

人生自立就是人能在社会上不依赖父母，能够独立成家谋事存活于世上。如果一个人达不到自立，凡事依赖别人，那就会成为世界上的弱者，易被淘汰，即使活着也很劳累忧愁胆怯，生活得很不踏实。人，只有自立了，才能自主，才谈得上掌握自己的命运。依赖使人丧失独立能力。如果我们不能从现在做起，自觉的储备自立知识、锻炼自理能力、培养自立精神，今后就难在社会上立足。

生活实例

某大城市的一个独生子，学习成绩一向拔尖，已经顺利读完了研究生课程，即将被保送到国外攻读博士学位，一家人欢天喜地，独生子却心事重重，惊恐不安。原来一想到出国后远离妈妈，没有人照料生活，他就心跳加速，结果，他患了“出国恐惧症”，不仅不能出国，连日常的学习和生活也无法进行下去，只能住进医院……

二、自立者自尊

生活实例

80 多年前，美国加利福尼亚州的沃尔逊小镇涌来了一群饥饿的难民，当镇长杰克逊先生发送食品时，许多难民大嚼大咽，只有一位年轻人例外，他对镇长说：“先生，你送给我这么多好吃的，有什么活让我干吗？”杰克逊笑了，“我只不过给你们提供些帮助而已，哪来的活让你做呢？”但年轻人却没有领情的意思：“不，先生，如果没有活做的话，我不会接受你的食物，真的先生，我总得为你干点什么呀？”实在没别的点子可想，杰克逊先生只得蹲下来，让年轻人为他捶背。

后来，年轻人就被留了下来，杰克逊镇长把女儿也嫁给了他。20 年后，这位年轻人成了世界石油大王，他的名字叫哈默。哈默先生的成功固然有许多因素，但他那种拒绝不劳而获的做法，渴望自食其力的宝贵精神，却为他赢得了宝贵的自尊和机会。

在这个世界上，最能让你依靠的人是自己，能拯救你的人也只能是自己。自立、自尊、自强是一个正常人应走的路，也是人类健康生存，继续延续的象征。如果不自立，那么你的思想，你的行为，都会受到限制，不是真正的自我，你就要依托仰仗别人生存，你会受到很多约束作为依托的条件。唯有自立自强者，才能拥有尊严和财富。

三、自立才是真正的成功

生活实例

小蜗牛问妈妈：为什么我们从生下来，就要背负这个又硬又重的壳呢？

妈妈：因为我们的身体没有骨骼的支撑，只能爬，又爬不快。所以要这个壳的保护！小蜗牛：“毛虫姐姐没有骨头，也爬不快，为什么她却不用背这个又硬又重的壳呢？”妈妈：“因为毛虫姐姐能变成蝴蝶，天空会保护她啊！”小蜗牛：“可是蚯蚓弟弟也没骨头爬不快，也不会变成蝴蝶，他为什么不背这个又硬又重的壳呢？”妈妈：“因为蚯蚓弟弟会钻土，大地会保护他啊！”

小蜗牛哭了起来：“我们好可怜，天空不保护，大地也不保护。”

蜗牛妈妈安慰他：“我们自己有壳啊！我们不靠天，不靠地，我们靠自己！”

自立，简单地说，就是自己支撑自己站起来。“支撑”不仅有经济上的，还有思想上和行为上。在经济上，我们要尽量做到独立，尝试各种赚钱方法，在这个过程中，我们争取到了经济上的独立，还收获了社会经验，使我们懂得珍惜每一分钱，合理使用，科学理财。在思想上，我们要努力的根除自己身上的一些“长不大”的思想，培养自己独立的思想，坚定自己的独立信念，独立地做决定。在思想上逐渐地自立，逐渐地成熟，在真正走向社会时迅速的适应社会。另外在行动上，我们要学着自己担当，遇到挫折时勇于面对，勇于挑战，只要自己认准了，就勇敢地去做，不怕失败。雨果说过：我宁愿靠自己的力量，打开我的前途，而不愿求有力者垂青。我们不可能永远生活在摇篮和温室中，终究要走进社会经风雨。只有流过血的手指，才能弹出最美的绝唱。只有经历世事的沧桑，才会绽放出生命本身的光彩。当一个人陷入山穷水尽、云遮雾蒙的境地时，叹气、沮丧是无济于事的，唯有勇敢地站起来，披荆斩棘，阔步前进，才会有柳暗花明、云开日出那一刻。

拓展阅读

张九精：感动校园感动社会

张九精，海南师范大学贫寒学子，2002 年入学，政法系经济学本科。2004 年入党，2005 年 7 月，张九精被学校评为优秀共产党员，2006 年 5 月荣获海南省第 12 届“五四青年奖章”。1981 年张九精出生于一个拾废品的家庭。母亲早逝，父亲患上了严重的糖尿病，他于是带着父亲上大学，靠与父亲一起拾废品维持生计。这样一个身处逆境的少年，他的身上却体现出自立自强、乐于助人，以及阳光般的开朗的性格。他的爱心、孝心、恒心感动了整个海南。张无精的笑脸灿烂如阳光，这是因为他有着阳光般灿烂的内心。

生于贫困，他却不成戚然，既不抱怨命运不公，也不愿成为家庭和社会的负担，捡废品，当促销员，做家教，他勤劳地改变着自己的生活处境；

作为儿子，他秉承传统美德，恪守孝道，虽然求学艰难，他却依然仍把患病父亲接到海南，承担起了赡养、照顾父亲的责任；

作为学子，他不仅勤学苦思，学业优秀，还腾出大量时间，甚至放弃许多挣钱的机会，用于参与学生工作和社会活动。在欠费后却婉拒老师资助，主动申请休学打工挣学费。

更为难得的是，在生活的重压下，他还心系和他一样处于困境中的同学，休学在外挣学费期间，思考并精心撰写了如何帮扶更多贫困生的建议……

四、做一个自信自立的人

自信是成功的第一秘诀，自立是一种可贵的精神。可以说，拥有自信就拥有无限机会；具有自立的品质，就能不屈于命运，独立于世，做真正的自己。但自信不是平白无故地就会附着在人身上的，首先人要有真才实学，接着才会有真正意义上的自信，并把它作为一种极其有用的动力。空有满腹自信，那只说得上是自以为是罢了。这种所谓的“自信”，不但不能推动人前进，反而害人不浅。那么如何增强自信呢？

（一）充实内心，不断学习

网络评论人王小山说过：“没有真东西，只有信心的话，前途只有一条——死，而且死得很难看。”这句话听起来有些过火，但事实上如果仅有自信的话确实是十分危险的。在我们的学习过程中，时常见到有部分同学在考试之际，没有一丝紧张，满怀自信地步人考场。但考试过后，这部分同学中有的分数挺高，有的分数却是羞于见人的。这看似不可理喻的事情其实很简单：这部分同学中一种是既自信，又刻苦认真学习的；一种是单有自信，却未付出努力的。这两类同学看上去都是充满着信心去应试，但由于平时知识的积累不一样，后果就截然不同。

我们看到的更多是自信的一种外向行力表现，其实仔细琢磨一下，会感觉到自信更是一种内在的东西，所以自信是内心的修养，与性格无关。充实的内心一定是自信的基础，而你要想做到充实的内心，有一个就是要涉猎知识，要不断地学习。所谓“腹中有书气自华”，就是说你肚子里有知识，有学问，所表现的出的气质风韵自然能充满自信、光彩动人。

生活实例

1773 年，法国雄心勃勃的青年都想进入炮兵学校，考取该校能取得少尉军衔。这年有 180 名青年应考，大多是巴黎有财有势的富家子弟。主考官为数学家拉普拉斯。考试开始后，门突然被推开了，只见门口站着一个矮小的农民装束的，穿着一个双举重的破皮鞋，手里还拿着一根木棒充当扁担。当知道乡巴佬是来考试时，全场哗然。最后，轮到这个农民上场了，可是出乎意料，乡巴佬神态自若，从容自信，无论多难的题目，他都能有条有理地做出正确回答。主考官喜出望外，立即宣布他为第一名。这个乡巴佬，就是后来在拿破仑军队里屡建奇功的德鲁奥将军。

自信应该与努力有机地结合起来。我们做人，就应当先做一个满腹经书，然后才充满自信的人。回顾那些伟大的人或者成功的人，一定有一个持续学习、持续提高的过程，而这个持续学习、积累、提高，就是他自信心不断提高的过程，每个人都有这么一个过程，只不过有的人在一级一级提高，所以他的自信心和成功成正比，有的人原地踏步多了一些，自信心和成功就相对低一些。

（二）认识自我，你就是一座金矿

“认识自我”这句镌刻在古希腊戴尔菲城那座神庙里惟一的碑铭，犹如一把千年不熄的火炬，表达了人类与生俱来的内在要求和至高无上的思考命题。尼采曾说：“聪明的人只要能认识自己，便什么也不会失去。”如今，随着社会的不断发展，人们对于自我的认识，也进入了一个突破性的新阶段。有一句名言说的好：这个世界上无所谓垃圾和废物，所谓废物，只是放错了地方的财富。有很多财富无非是放错了地方。事实上，每个人都有巨大的潜能，每个人都有自己独特的个性和长处，每个人都可以选择自己的目标，并通过不懈的努力去争取属于自己的成功。正确认识自己，就要做到用全面的、发展的眼光看自己，肯定自己，相信自己，依靠自己。

1. 要喜欢自己，关注自己的优点

这不是自恋，而是必要的自我肯定，也是心理健康的需要。有人说：上帝为你关闭了一扇门，就一定会为你打开一扇窗。无论怎样，要喜爱自己。试想，一个连自己都不喜欢的人会真心喜欢别人吗？你不喜欢别人，自然别人也不会喜欢你。你会感到被人忽略，甚至歧视，会因而变得更加自卑。在纸上列下十个优点，不论是哪方面（耐心、健康等等，多多益善），在从事各种活动时，想想这些优点，并告诉自己有什么优点。这样有助你提升从事这些活动的自信，这叫做“自信的蔓延效应”。这一效应对提升自信效果很好。

生活实例

一位父亲带着儿子去参观凡·高故居，在看过那张小木床及裂了口的皮鞋之后，儿子问父亲：“凡·高不是一位百万富翁吗？”父亲回答：“凡·高是位连妻子都没娶上的穷人。”

又过了一年，父亲又带儿子去了丹麦，到安徒生的故居去参观，儿子又困惑地问：“爸爸，安徒生不是生活在皇宫里吗？怎么他生前会在这栋阁楼里？”父亲回答：“安徒生是位鞋匠的儿子，他就生活在这里。”

这位父亲是一个水手，他每年往来于大西洋的各个港口，他儿子叫伊东布拉格，是世界上第一位获普利策奖的黑人记者。

二十年后，伊东布拉格在回忆童年时说：“那时我们家除了很穷以外，还是黑人，父母都靠卖苦力为生。有很长一段时间，我一直认为像我们这样地位卑微的黑人是不可能有什么出息的。是父亲让我认识了凡·高和安徒生，也是父亲让我认识到了黑人并不卑微，这两个人的经历让我知道，上帝没有轻看黑人。”

2．要相信自己具有某种能力或优势

这个世界上从来没有一无是处之人，天生我材必有用。周舟是一个无论从外貌、举止，还是智商检测方面看，都属于“弱智”的智障少年，然而，他却具有音乐指挥的天赋，曾多次指挥大型乐队演奏。2000年，周舟随中国残疾人艺术团访问美国，他的乐曲指挥引起了轰动。

认识自我，是我们每个人自信的基础与依据。一个人在自己的生活经历中，在自己所处的社会境遇中，能否真正认识自我、肯定自我，如何塑造自我形象，如何把握自我发展，如何抉择积极或消极的自我意识，将在很大程度上影响或决定一个人的前程与命运。换句话说，你可能渺小而平庸，也可能美好而卓越，这在很大程度上取决于你的自我意识究竟如何，取决于你是否能够拥有真正的自信。请记住，认识自我，你就是一座金矿，拥有自信、自主、自爱，你就一定能够在自己的人生中展现出应有的风采。

生活实例

一个穷困潦倒的青年流浪到巴黎，期望父亲的朋友能帮自己找一份谋生的差事。

“数学精通吗？”父亲的朋友问他。青年羞涩地摇头。

“历史、地理怎么样？”青年还是不好意思地摇头。

“那法律呢？”青年窘迫地垂下头。

“会计怎么样？”

父亲的朋友接连发问，青年都只能摇头告诉对方——自己似乎一无所长，连丝毫的优点也找不出来。

“那你先把自己的住址定下来，我总得帮你找一份事做呀。”

青年羞愧地写下了自己的住址，急忙转身要走，却被父亲的朋友一把拉住了：“年轻人，你的名字写得很漂亮嘛，这就是你的优点啊，你不该只满足找一份糊口的工作。”

把名字写好也算一个优点？青年在对方眼里看到了肯定的答案。

哦，我能把名字写得叫人称赞，那我就能把字写漂亮；能把字写漂亮，我就能把文章写得好看……受到鼓励的青年，一点点地放大着自己的优点，他兴奋得脚步立刻轻松起来。

数年后，青年果然写出享誉世界的经典作品。他就是家喻户晓的法国18世纪著名作家大仲马。

3．自我心理暗示，“我能行！”

我们要给自己以积极的暗示，不断对自己进行正面心理强化，避免对自己进行负面强化。即使你处境不利，遭遇磨难，但只要你赖以自信的巨大潜能和独特个性依然存在，只有你还具备某方面的优势，你就可以坚信：我一定能行，我能成功。一旦自己有所进步（不论多少）就对自己说：“我能行！”“我很棒！”“我能做得更好”等，这将不断提升自己的信心。一个人如果总想着自己不行，总是给自己这种消极的暗示，就会陷入到恶性循环的怪圈中。用“我能行”代替“我不行”来规劝、激励自己，就会打破恶性循环中的一环，并注入积极的内容，就能重新建立起学习的自信心。从心灵上确认自己能行，自己给自己鼓劲。相信只要通过自己努力，干什么事情都能行，目标一定能达到。

生活实例

美籍物理学家钱致榕来华时谈起他中学时代的一段经历。那时很多学生作弊，不求上进。一位责任心很强的老师，就从300个学生中挑选60人组成了“荣誉班”。钱致榕也在其中。当时明确宣布，是因为他们有发展前途才被挑选出来的。对此，被选上的人十分高兴，对前途充满信心，踏实学习，后来大多成了才。这次，钱教授遇到那位老师时，才知道这60位学生是随意抽签决定的。这件事很发人深省。由于学生被告知他们是“很有发展前途”才被挑选出来的，这是一种明显的心理暗示，就是这种积极的心理暗示使学生产生了强烈的自信心，因而自尊、自爱、自强而终于成才。

4．善于发掘自己的长处

每个人都有自己的长处和短处，学习上也同样如此，如果一门科目很好的话，自然对自己有了信心，其他科目也会受其影响有显著的进步。比如有的同学数学不好，但乐感强，听到一首歌之后，很快就能把音调记下来，起初可能是喜欢这首曲子，又因记忆好，同时对音乐的节奏和音调有极灵敏的感受力，因此不费力就能背下来，若能意识到自己这一优点，这位同学就能恢复他曾经失去的自信心，不止在唱歌方面，对其他学科也会产生兴趣。人与人性格差异很大，了解自己的性格优势与不足，没有必要拿自己的弱势去跟别人的强势作对比，学会扬长避短，就能形成自己独特的自信心。俗话说：“一招鲜，吃遍天”。选择一项自己所长，尽可能将它磨炼到庖丁解牛那种程度。你必然会吸引到钦佩和赞赏，自然就会因而变得自信。

5．不可谦虚过度，坦然接受应得的荣誉和褒奖

谦虚是必要的，但不可过度，过分贬低自己对自信心的培养是极为不利的。对瘦得的荣誉和褒奖坦然接受，当仁不让。这样会增强你的自信心。反之，则会减弱你的自信心。

6．保持自信的外部形象和乐观的情绪

首先，保持整洁、得体的仪表，有利于增强一个人的自信；其次，举止从容，落落大方，如行路目视前方等，刚开始可能不习惯，但过一段时间后就会有发自内心的自信；另外，注意锻炼、保持健美的体形对增强自信也很有帮助。乐观是人们对事业前途充满信心的一种精神面貌，是成功者具有的品质。一般来说，具有自信心的人，总是乐观主义者。正是这种乐观的情绪，才使得自信心得以巩固强大，而不会为碰到的困难退缩。

生活实例

1900 年 7 月，德国精神学专家林德曼独自驾着一叶小舟驶进了波涛汹涌的大西洋，他在进行一次历史上从未有过的心理学实验。林德曼认为，一个人只要有坚强的意志力，对自己抱有信心，就能保持精神和机体的健康。当时，德国举国上下都关注着独舟横渡大西洋的悲壮冒险，因为已经有一百多位勇士相继驾舟均遭失败，无人生还。林德曼推断，这些遇难者首先不是从生理上败下来的，主要是死于精神崩溃、恐慌与绝望。在航行中，林德曼遇到难以想象的困难，多次濒临死亡，有时真有绝望之感。但只要这个念头一升起，他马上就大声自责：懦夫，你想重蹈覆，葬身此地吗？不，我一定能成功！终于，他胜利渡过了大西洋。林德曼的亲身实验证明：人只要意志坚强，对自己不失望，充满自信心，精神就不会崩溃，就可能战困难而获得成功。

7．要有坚强的意志力

爱迪生认为自信和坚强意志是伟大人物最明显的标志，他说：“不管环境变换到何种地步，他的初衷与希望仍不会有丝毫改变，而终于克服障碍，以达到期望的目的。”自信心强的人，一般总具有坚强的毅力，毅力又总是同精力结合在一起构成志坚持性的品质。一个具有坚强毅力的人，他不会因成功而骄傲，也不会因失败而气馁；成功能催其不断奋进，失败也能勉励他再接再厉。意志力和自信心，也是相互促进的。

任务实施

案例讨论

某人在屋檐下躲雨，看见观音正撑伞走过。这人说：“观音菩萨，普度一下众生吧，带我一段如何？”观音说：“我在雨里，你在檐下，而檐下无雨，你不需要我度。”这人立刻跳出檐下，站在雨中：“现在我也在雨中了，该度我了吧？”观音说：“你在雨中，我也在雨中，我不被淋，因为有伞；你被雨淋，因为无伞。所以不是我度自己，而是伞度我。你要想度，不必找我，请自找伞去!”说完便走了。第二天，这人遇到了难事，便去寺庙里求观音。走进庙里，才发现观音的像前也有一个人在拜，那个人长得和观音一模一样，丝毫不差。这人问：“你是观音吗？”那人答道：“我正是观音。”这人又问：“那你为何还拜自己？”观音笑道：“我也遇到了难事，但我知道，求人不如求己。”

讨论：

这则寓言有什么寓意？带给你了哪些启示？

任务三　敢于担责，事业基石

学习目标

◈ 认知责任意识
◈ 了解责任意识缺失的表现
◈ 了解责任与事业的关系
◈ 学习做一个敢于担当的人

从前有两只乌鸦，一只是哥哥，一只是弟弟。他们刚刚搭好窝，冬天就到了，可是他们两个搭窝的时候总想偷懒，搭得很软，所以大风很快就把他们的窝吹了一个口子。哥哥想：风把窝吹漏了，弟弟一定很冷，他会去补的。弟弟想：哥哥一定很冷，他会去补的。就这样，他们两个谁也没去补。过了一阵，窝漏的口子更大了，哥哥想：这回弟弟一定冷了，他会去补的。弟弟想：这回哥哥一定冷了，他会去补的。就这样，他们又是谁也没去补。风越来越大了，把他们的窝从树上吹掉了，两只乌鸦掉在雪地里被冻僵了。

一、认知责任意识

责任意味着理智，意味着行为，意味着必须承担的任务。

责任意识是公民对自己角色职责的自我意识及自觉程度，它包含两个方面的内容：一方面，人们的行为必须对他人和社会负责；另一方面，人们对自己发生的行为必须承担相应的责任。责任意识是一个人、一个民族前进的精神力量，是一个国家、一个社会发展的动力，同时也是建立一个优秀品质，培养一切美好行为的首要因素。

良好的责任心是每个人必须具备的品质。没有坚定的责任心，人们就会在逆境中跌倒，在各种各样的引诱前不能自持，现在很多用人单位尤为看重毕业生的责任心（表 4-1）。

表 4-1　用人单位对毕业生各方面素质看重的程度

素　　质	看重程度（满分为 5 分）
责任感	4.56 分
团队协作精神	4.42 分
事业心	4.37 分
自信心	4.29 分

生活实例

9月23日晚，某中学晚上7点补课结束后，1 500多名学生在从该校教学楼东西两个楼道口下楼时，一段楼梯护栏突然坍塌，由于没有灯光，再加上楼道内拥挤，致使下楼至此的学生不断摔下楼梯，最终酿成21人死亡、47人受伤的惨剧。仅一天时间，警方就公布了事故调查结果：学校基础管理工作混乱。其一，事故发生地的楼梯12盏灯1盏没有灯泡，11盏不亮。事故发生当天下午，还有老师向校长反映灯泡照明问题，校长以“管灯泡的人员不在”为由，未及时处理潜在的祸患。其二，技术监督部门怀疑教学楼的楼梯护栏实际使用的钢筋强度不够。其三，学校在这座教学楼未经验收的情况下就投入使用了。其四，事故当天，应该带班在岗的校长正与教委、本校和其他学校的18位老师在当地的一家饭店喝酒。

二、责任意识缺失的表现

责任感是简单而无价的，责任意识会让我们表现得更加卓越。那么责任意识缺乏有哪些具体表现呢？

1．职业责任认识模糊

一项在广州进行的调查发现，应届职业院校学生稳定率在用人单位中只有10%，大部分应届毕业生在工作一段时间后很快便流失了。目前应届毕业生频频毁约跳槽暴露了当代职业院校学生责任意识淡薄甚至严重缺失的现状。

在上海交大公布的2005年用人单位最看重的毕业生素质调查中，责任意识排在二十项综合素质中的第一位。但是，由于目前我国正处于农民工、下岗工、应届毕业生“三峰叠加”时期，就业竞争日趋激烈，强大的就业压力迫使职业院校学生过分地注重实用主义和功利倾向而缺失了责任意识。

生活实例

快毕业的婷婷，和一家广告公司签订了为期三个月的试用期协议，在接下来的时间里，她基本上放弃了学校里的课程，全身心地投入到工作中。她处处小心翼翼，逢事能做的就做，做不了的能推就推，生怕做坏了吃力不讨好，而且对别人做的事几乎不插一次嘴，俨然一副淑女状。

有一次，她无意中听到别人对她的评价，说这个女生本分倒是本分，就是没有什么责任感，估计不会有大前途。

婷婷原来以为刚到一个新单位，没有什么经验、资历，只要踏踏实实完成工作就万事大吉，甚至不愿说出自己的观点，后来才知道这种想法是错的。

于是，婷婷除完成自己分内的工作外，还经常利用业余时间悄悄地为公司拉单子，技术能力也得到了很大的提高。在一次广告设计中，她凭着真才实学和创新意识，圆满完成了设计，她的能力和责任心都得到了公司的充分肯定，试用期未满，她就提早获得了公司的《劳动合同》。

2．集体责任观念淡化

集体责任观念淡化主要表现为一些员工以个人为主体，注重个人奋斗、个人发展，“各人自扫门前雪，哪管他人瓦上霜”。实用主义倾向增强，协作观念、服务和奉献精神不足，对人对事都比较冷淡，自私自利，集体活动漠不关心。对国家、对公司抱有“等、靠、要”的思想，而缺乏自力更生、艰苦奋斗的精神以及对公司集体的关爱，没有与公司共存亡的理念。

3．工作责任心意识低下

工作责任心意识低下主要表现为部分员工只知“做工”，却不知道“工作”。

1）做工

做工即把工作做完。如果我们只是

粗制滥造，马马虎虎将事情做完的话，那我们将得不到一点进步。做工作容易，但我们追求的不只是单纯的“做”而已，还要有更高的要求。

仅仅将工作做完的员工，是不成熟的员工，不负责任的员工。负责任的人是成熟的人，他们对自己的言行负责，他们把握自己的行为，做自我的主宰。越是显得成熟的人，就是越能承担责任和义务的人，也就是企业越可以放心和重用的人。

2）工作

工作即把把事情做好。对于任何一名员工来说，工作就意味着责任，没有责任感的员工不可能成为一名优秀的员工。美国总统杜鲁门的桌子上摆着一个牌子，上面写着：Book of stop here（问题到此为止）。这就是责任。总统有总统的责任，员工有员工的责任。

生活实例

某国有企业已经被一家私营企业接管了，新来的公司老板就任的第一天，就宣布裁员。文印室的小霞与阿美也在裁员名单内，并将于一个月后离职。

得知自己要被裁掉，第二天上班时，阿美处处找领导、找同事，哭闹之后，仍然无济于事，离职已成定局。于是，她将情绪带到工作中，本来应该做的事她却抛在了一边，大家都不好意思说她，只好帮她干活。而小霞呢，她也非常痛苦，面对已经工作了三年的单位，她真的舍不得离开，可是有什么办法呢？不如把这最后一个月的工作做好吧。于是，第二天上班时，她依然默默地打印稿件、整理文件。别人知道她要下岗了，都不好意思叫她做事，而她却微笑着对大家说：“让我干吧，这是我为大家服务的最后一个月了。”在这个月里，小霞飞快地打字，辛勤地复印，坚守着她的岗位，坚守着她的职责。

一个月后，阿美真的下岗了，而小霞却留下了，上司当众向大家宣布：小霞的工作没有人可以替代，公司最需要的就是她这种人，这种人永远也不会被淘汰。

拓展阅读

乐不思蜀的刘禅

三国时期，魏、蜀、吴三个国家各据一方，征战不休，争夺霸主的统治地位。其中，刘备管辖割据的地方称为蜀。

刘备依靠诸葛亮、关羽、张飞等一批能干的文臣武将打下了江山，他死后将王位传给了儿子刘禅。临终前，刘备嘱咐诸葛亮辅佐刘禅治理蜀国。刘禅是一位非常无能的君主，什么也不懂，什么也不做，整天就知道吃喝玩乐，将政事都交给诸葛亮去处理。诸葛亮在世的时候，呕心沥血地使蜀国维持着与魏、吴鼎立的地位；诸葛亮去世后，由姜维辅佐刘禅，蜀国的国力迅速走起了下坡路。

一次，魏国大军侵入蜀国，一路势如破竹。姜维抵挡不住，终于失败。刘禅惊慌不已，一点继续战斗的信心和勇气都没有，为了保命，他赤着上身、反绑双臂，叫人捧着玉玺，出宫投降，做了魏国的俘虏。跟他一块儿做了俘虏的，还有一大批蜀国的臣子。

投降以后，魏王把刘禅他们接到魏国的京都去居住，使他和以前一样养尊处优，为了笼络人心，还封他为安乐公。

司马昭虽然知道刘禅无能，但对他还是有点怀疑，怕他表面上装成很顺从，暗地里存着东山再起的野心，有意要试一试他。有一次，他请刘禅来喝酒，席间，叫人为刘禅表演蜀地乐舞。跟随刘禅的蜀国人看了都触景生情，难过得直掉眼泪。司马昭看看刘禅，见他正咧着嘴看得高兴，就故意问他："你想不想故乡呢？"刘禅随口说："这里很快乐，我并不想念蜀国。"

散席后，刘禅的近臣教他说："下次司马昭再这样问，主公应该痛哭流涕地说：'蜀地是我的家乡，我没有一天不想念那里。'这样也许会感动司马昭，让他放我们回去呀！"果然不久，司马昭又问到这个问题，刘禅就装着悲痛的样子，照这话说了一遍，但又挤不出眼泪来，只好闭着眼睛。司马昭忍住笑问他："这话是人家教你的吧？"刘禅睁开眼睛，吃惊地说："是呀，正是人家教我的，你是怎么知道的？”

司马昭明白刘禅确实是个胸无大志的人，就不再防备他了。

刘禅身为一国之主，居然乐不思蜀，甚至连装着想念故乡都装不出来，贪图享乐而志向沦丧竟到了这种地步，实在可气可叹。我们在任何情况下，都不应该放弃自己的责任和义务。

三、责任是事业的基石

名人名言

责任具有至高无上的价值，它是一种伟大的品格，在所有价值中它处于最高的位置。

——爱默生

（一）认清自己的岗位责任

学会承担责任是每一位职业人入职的第一课，是否具有良好的责任意识直接影响着我们对待工作的态度和职业生涯的发展，因此，我们一定要将承担责任这一课在入职之初就学好、用好，让它成为我们的一种职业能力和职业习惯。在学校里，我们常常会看到这样的场景。

如果有一位同学迟到了，老师问他为什么会迟到，他十有八九会说：

“因为交通堵塞了，所以迟到了！”

“因为公交车人太多挤不上去，所以迟到了！”

“因为天气不好，所以迟到了！”

“因为……”

但很少有人这样说：“对不起，这是我的错！”

但是，当我们进入企业成为一名员工，我们的角色已经从学生转化成为职业人，如果连这样的小过错都没有勇气承担，怎么会有承担更大责任的勇气和能力呢？企业又怎么会愿意将更重要的工作交给我们呢？因此，作为职业学校的学生，适应角色变化、学会承担责任是我们必修的一课。

对于刚刚毕业走上工作岗位的新员工来说，学会负责和承担工作责任，是职业生涯开始的第一步。在进入职场的初期，我们首先要认真熟悉自己的工作环境和岗位职责，使自己对要承担的工作责任有一个全面的认识和了解，并有针对性地学习相应岗位所必备的业务知识和操作技能。通过具体的岗位实践，提高业务素质和实际工作能力，承担工作责任和适应工作要求。

许多企业在新员工入职初期的考核监督，就是对员工在工作中承担责任的表现作出审核和鉴定。作为新员工，一定要充分认识学会承担责任的重要性，除了要认真学习业务知识、努力提高业务技能，更重要的是学会承担责任。

要熟悉自己的工作岗位责任，明确自己的工作范围。对自己工作责任内的任何事情，要主动承担，不要只是消极地等待领导来安排工作。事事都等待领导来安排的员工，最终只会被淘汰。认清自己的责任，就是尽量避免推卸责任的言行，充分发挥自己的专业优势，展现出一个负责任的自我，为今后的工作和未来更长远的发展打下良好的基础。

生活实例

南京明城墙是我国保存较为完整的古城墙之一，也是世界上现存最大的古代砖城。它之所以能经历几百年的沧桑岁月屹立不倒，与建造城墙所用砖块的质量有着密切的关系。据记载，该城墙所用砖块都是由长江中下游附近150多个府（州）、县烧制的。砖的侧面刻着铭文，除时间、府、县外，还有4个人的姓名，分别是监造官、烧窑匠、制砖人和提调官（运输官）。

砖块烧制完毕后，要经过严格的检验，由检验官指挥两名士兵抱砖相击，如铿锵有声、清脆悦耳而不破碎，属于合格；如相击断裂，责令重新烧制。正因为责任如此明确，才保证了城砖质量上乘，以至南京明城墙历经600多年的风雨，至今仍巍然屹立。

（二）责任伴随机遇

很多人嘴边总挂着一句话：“我的机会在哪里？”其实，做好本职工作，敢于担当自己工作中相应的责任，机会就无处不在。“机会”总是和“责任”结伴同行，当机会出现在我们面前的时候，可能有以下3种情况：

① 缺乏抓住机会的能力，眼睁睁地看着很多机会从身边溜走，除了慨叹“别人的机会那么多，我却没有机会”之外，什么也做不了；

② 机会来到了我们面前，自己却没有做好准备，甚至“缺席”——机会来了，自己却不在；

③ 没有意识到责任就是机会，见到责任就逃避，结果也丢掉了机会。

承担责任，是一种付出、一种奉献，甚至可能是一种牺牲。但这种付出总会有回报，如果我们为社会、为企业创造了价值，我们就为自己创造了机会。社会和企业总会把机会给予能够创造价值的人，因为这样的人更懂得利用这些机会去创造更多新的价值。具有责任感的员工总能主动把握属于自己的机会。在现实工作中，做得越多的人，总是成长越快；相反，凡事斤斤计较、推卸责任的人，常常止步不前。

古人云：“水本无华，相荡而成涟漪；石本无火，相击而发灵光。”所以，在企业中，我们要努力为自己搭建展示平台、拓宽活动范围、营造交流环境，用智慧替你说话，用激情沟通感情，用付出赢得精彩，使自己成为新人中的佼佼者。

要有“初生牛犊不怕虎”的精神，要有敢于尝试、不怕失败、不怕“丢人”的闯劲；对你的工作，不要说“我不敢、我不行、我不能、我不会”，要说“我一定尽力、我一定努力完成”。如果我们第一次拒绝承担，就不可能有第二次机会，机会对于每个人来说都是瞬息万变、稍纵即逝的，所以一定要抓住每一次机会。问问自己，是否因为没有勇气去承担责任而错失了许多大好机会？

四、敢于担当才有大发展

名人名言

高尚，伟大的代价就是责任。

——丘吉尔

（一）让承担责任成为一种职业习惯

一个企业要生存和发展，就要求有一批将承担责任作为一种职业习惯的员工。这些员工有一个共同的特点：具有很强的责任心。正是这种责任心，促使企业不断发展和壮大。责任心是一种十分重要的职业素质，负责任是一种习惯行为，它来自于人的潜意识，而并非一时的心血来潮。这种道德责任感在当今社会受到更多企业的重视，因而成为一个人成就事业的坚实基础和必要条件。

生活实例

陈佳和张明同在一家速递公司，是工作上的搭档，由于他们工作一直都很认真努力，老板对他们的表现很满意，准备从他们两人当中提升一名经理。张明精明能干，办事灵活，深得老板的赏识，老板在心中已经暗暗决定了经理一职的人选。然而，一件事改变了两个人的命运。一次，陈佳和张明负责把一件大件包裹送到码头。这个邮件很贵重，是一个古董，老板反复叮嘱他们要小心。到了码头，陈佳把邮件递给张明，张明却没接住，邮包掉在了地上，古董被摔碎了。

老板对他俩进行了严厉的批评。“老板，这不是我的错，是陈佳不小心弄坏的。”张明趁着陈佳不注意，偷偷来到老板办公室对老板说。老板平静地说：“谢谢你张明，我知道了。”随后，老板把陈佳叫到了办公室。“陈佳，到底怎么回事？”陈佳将事情的原委告诉了老板，“这件事情是我们的失职，我愿意承担责任。”

陈佳和张明一直等待处理的结果。过了几天，老板将他们两人叫到了办公室，说："其实，古董的主人已经看见了你们在码头递接古董时的现场情况，他跟我说了他看见的事实。还有，我也看到了问题出现后你们两个人的反应。我决定，陈佳，留下继续工作并升职为经理，用你的工作来弥补公司的损失。至于张明，明天你不用来上班了。"

许多人对于承认错误和担负责任怀有恐惧感。因为承认错误、担负责任往往会与接受惩罚相联系。人们通常愿意对那些产生良好结果的事情负责，却不愿对那些出了偏差的事情负责任。

当我们成功步入企业成为一名新员工，就应学会承担责任，将自己的心态调整到最佳状态，尽快了解、掌握各种自己所从事工作的岗位职能、职责和企业的各项规章制度，尽快适应企业的规范要求，尽职尽责，努力工作。

在企业中，一名优秀的、负责任的员工都具有以下一些共同特点。

1．在工作中保持高度热情和愿意付出额外努力

努力克服职业倦怠，保持高度的工作热情，是我们职业发展的原动力。负责任的员工懂得"一分付出，一分回报"的道理，将团队的利益和企业的发展放在第一位，甚至愿意付出额外的时间和努力，加班加点完成自己的工作。

2．自愿做一些本不属于自己职责范围内的工作

负责任的人从不会把"分内之事"和"分外之事"分得那么清楚，领导安排的工作，即使是分外之事，也会主动承担起来。多承担一些工作意味着更多的历练和机遇。

3．助人与合作

在企业中，上司、同事是我们同舟共济的伙伴，每个人的发展都不是孤立的，只有敢于承担责任的人，才能够得到他人的信任和帮助，在与他人的互助与合作中发展自我、实现价值。

4．遵守企业的规则和制度

企业是个人生存和发展的平台，而企业的制度和规则是企业运行的保障，有责任心的员工往往是严格遵守企业制度和规范的好员工。

5．赞同、支持和维护企业的目标

优秀的企业具有很强的向心力，有责任心的员工首先要热爱自己的企业，具有主人翁意识，将个人发展和企业发展结合在一起，将企业的发展目标作为个人努力和前进的方向。

简言之，承担责任的职业习惯是一种自然的行为。优秀的员工很少迟到或缺勤，愿意努力工作甚至超时工作，力争达到更高的目标和要求。把承担责任作为职业习惯的员工，是企业发展的中流砥柱，是企业持续发展的原动力。职业院校学生要努力培养自己的责任意识，将责任心作为一种职业习惯和必备素质，如此，在未来的职业发展过程中，才会有最好的回报，得到重用和尊重。

（二）培养责任意识

1．目标

目标之一：对自己负责。培养自尊、自信、自律、自主、自强的意识。

目标之二：对他人负责。尊重与接纳他人，富有爱心与合作精神。

目标之三：对集体负责。主动关心、爱护集体，珍视集体的荣誉，履行参加集体事务和各项活动应尽的义务，学会共享，主动为集体发展尽职。

目标之四：对家庭负责。尊老爱幼，为父母分忧，营造温馨家庭氛围。

目标之五：对社会和国家负责。努力工作，讲爱心与奉献，积极参与公益活动，爱护环境，树立远大理想，立志报效祖国。

2．多加一盎司

尽责完成自己的工作，最多只能算是称职的员工。如果在自己的工作中再多加一盎司，你就可能成为一个优秀的员工。大到对工作、对公司的态度，小到你正在完成的工作。比如：打印文章少一个错别字；绘制的报表更准确一些；上班更早些，下班更晚些；设计的图纸更漂亮些。

工作就意味着责任。在这个世界上，没有不需承担责任的工作，相反，你的职位越高、权力越大，你肩负的责任就越重。不要害怕承担责任，要立下决心，你一定可以承担任何正常职业生涯中的责任，你一定可以比前人完成得更出色。

请你时常问自己：我已经用尽全力了，或许我还可以再加一盎司。

3. 勇于承担过失

“人非圣贤，孰能无过？”一个人再聪明、再能干，也总有失败犯错误的时候。

生活实例

1920 年，有个 11 岁的美国男孩在他家门前的空地上踢足球，一不小心，踢出去的足球不偏不倚地打碎了邻居家新装的玻璃窗。愤怒的邻居向惊慌失措的男孩索赔 12.5 美元，在当时，12.5 美元是一笔不小的数目，足足可以买 125 只生蛋的母鸡！这是一个每天只有几美分零花钱的小男孩想都不敢想的天文数字。

闯了大祸的男孩没有其他办法，只好向父亲讲了这件事，希望父亲会替他担起这份他无论如何也负担不了的责任。没想到，一直宠爱他的父亲却要他对自己的过失负责。男孩为难地说：“我哪有那么多钱赔人家？”

父亲拿出了 12.5 美元，严肃地对儿子说：“这笔钱我可以借给你，但是一年后你必须还给我。因为，承担自己的过错是一个人的责任，是责任你就不能选择逃避。”

男孩把钱付给邻居后，开始了艰苦的打工生活。他放弃了平日里热衷的各种游戏，把课余时间都利用起来做所有自己力所能及的工作，经过半年的不懈努力，男孩终于挣够了 12.5 美元，并把它还给了父亲。平生第一次，他通过自己的顽强努力承担起了自己的责任。

经济大萧条时期，他的父亲破产了。他大学刚毕业，就主动负担起整个家庭的生活，并资助哥哥重回学校学习。后来他成为一名电视节目主持人。在他处于事业顶峰时，出于强烈的责任感，他公开批评自己所在电视公司的最大的赞助商——通用电气公司，因此不得不离开电视界，从此投身政界。

在他获得了自己梦想的职位后，又一场经济危机使他的前行之路阻碍重重。这次他担负起了引领当时世界上第一强国走出困境的责任。他成功了，8 年后，他把一个开始复苏的美国交到了继任者手中。
他的名字是罗纳德·里根。

4. 学会控制

要对工作负责，就要先对自己负责；要对自己负责，就先要自制。这里有一些特别的方法——“7 个 C”：

1）控制自己的时间（clock）。可以选择学习多长时间，游戏时间多少，休息多长时间……常问自己：“我现在这样做，是不是充分利用时间。”

2）控制思想（concept）。控制自己的思想与创造性的想象。

3）控制接触的对象（contacts）。我们无法选择共同工作或一起相处的人，但我们可以选择共度最多时间的同伴，可以仿照孟母的做法，找成功者作为楷模，向他们学习。

4）控制沟通方式（communication）。我们可以控制说话的内容和方式。沟通方式最主要的就是聆听、观察，以加强自己的沟通能力。

5）控制承诺（commitments）。不乱下保证，但下了保证就要做到“君子一言，驷马难追”，不要为任何事情找借口，如有某项承诺无法完成，一定要说明原因，而绝对不要制造借口。在工作上也是如此，不要拖延工作，是你的责任就要勇于承担责任，拖延时间会导致失败。

6）控制目标（causes）。确立一个长期目标，制订相应计划，并制订出优先次序和期限，以便实现它。要时时激励自己：生命是一个由自己动手去做的计划。

7）控制忧虑（concern）。如果未能实现自己的愿望，不要气馁，你要重新审度自己的思想：是否还在牵挂过去的事情而心神不安？是否有这些不良情绪？请记住：过去的事情就让它过去，瞧着吧，一切又都是崭新的。

5. 从小事做起

曾经有一位诺贝尔奖获得者，被问及是什么促使他成功时，他做出了出人意料的回答：“我在幼儿园里学到了一生中最重要的东西：要谦让，讲卫生，东西放整齐，做错事要致歉，要仔细观察事物。”

“如此细小的东西，也值得去注意？如此微妙的细节，也能成就大业？”这是大多人的想法。可我想，这也许就是大多数人为什么只是普通人的原因吧。“不积跬步，无以至千里；不积小流，无以成江海。”漠视细节的努力，纵是豪气冲天，壮志凌云，又何以奢望成就丰功伟绩。

职业院校学生现在正处于成长的关键时期，想要形成良好的责任感，为一生的发展打下良好的基础，就必须认真对待学习及生活中点点滴滴的“小事”，不忽略每一个细节。

“勿以善小而不为”，捡一片废纸，帮助一位残疾人，奉献一次爱心……“小事”是涓涓细流中的沙金，只有积少成多才能焕发光芒。“勿以恶小而为之”，忘了打扫卫生、忘了关闭实验仪器、忘了关灯关水……“小事”也可能是生活中的病毒。

由此可见，“小事”是把锋利的“双刃剑”，只有注重小节，才能用好这把“双刃剑”。“合抱之木，生于毫末；九层之台，起于垒土；千里之行，始于足下。”古代的先哲已为我们阐明了道理。

6．行动——检验责任感的唯一标准

“负责任”不是说说就可以的，做起来可没有那么容易。

有人说，假如你非常热爱工作，那你的生活就是天堂；假如你非常讨厌工作，你的生活就是地狱。因为在你的生活当中，有大部分的时间是和工作联系在一起的。不是工作需要人，而是任何一个人都需要工作。你对工作的态度决定了你对人生的态度，你在工作中的表现决定了你在人生中的表现，你在工作中的成就决定了你在人生中的成就。所以，如果你不愿意拿自己的人生开玩笑，那就在工作中勇敢地负起责任。

小测试

1）你与别人约会，通常情况是：

A．提前等候在约会地点

B．准时赴约

C．总是迟到

2）如果让你给自己的可信程度打分的话，你认为自己会得多少分？

A．80～90 分　　B．60～79 分　　C．不及格

3）如果你的手头有些零花钱的话，你准备：

A．储蓄

B．随时带在身边，以备不时之需

C．立即花掉

4）一旦发现自己的朋友干了违法的事，你会：

A．立即报警

B．静观事态发展

C．把朋友隐匿起来

5）如果你手边有一些垃圾，你会：

A．一直拎着，等到垃圾箱扔进去

B．扔在僻静的角落里

C．随便扔在什么地方

6）你认为保持健康的最佳途径是：

A．经常锻炼

B．多吃有益食品，摄取天然营养

C．进行药物“补疗”

7）你愿意吃的食品是：

A．蛋等高蛋白食品

B．肉类等高脂肪食品

C．汽水、饮料等“垃圾”食品

8）你认为学习与娱乐的关系是：

A．一张一弛，文武之道

B．学习第一，有无娱乐无所谓

C．娱乐第一，及时行乐

9）你对班干部的换届选举：

A．非常关心，积极参与

B．就那么一回事，泰然处之

C．漠不关心

10）你收到朋友的来信会：

A．立即回信

B．过上几天后再回信

C．也许不回信

11）你对“值得做的事情便值得好好做”的看法是：

A．蛮对的，可以作为信条

B．有一点道理，但不绝对

C．废话，简直无用之极

12）你对你说过的话：

A．言出必行

B．酌情处理

C．从不算数，也不认账

13）你与老师的关系：

A．非常融洽，像哥们

B．一般

C．经常发生冲突

14）你在班级内担任何种职务：

A．班长

B．组长

C．什么也没有担任

15）在家的时候，你会：

A．通常做些家务

B．偶尔帮助家里做点杂事

C．呆着，什么也不干

【评分原则】

选 A 得 2 分，选 B 得 1 分，选 C 得 0 分，将各题得分累计，算出总分。

【结果分析】

20～30 分：你极为负责和敏感，并且细心、谦和、可信，也许还算诚实；

10～19 分：你是负责的，但在你生命的长河中有一股较强的无责任感的逆流；

9 分以下：你显然是那种大多数母亲不愿自己子女结识的人。你也许经常招致批评，难以保持在别人心目中的地位，并且常常办事“砸锅”，手上的钱也总是不够用。

任务实施

小游戏：培养责任心

训练目的：

面对错误时，大多数情况：没人承认自己犯了错误；少数情况：有人知道自己错了，但没有勇气承认，因为克服心理障碍需要勇气；极少数情况：有人站出来承认自己错了。这个游戏让参与者明白任何个人都是团队中的成员，个人出错也就是整体出错。在集体出错的时候，作为个人应该做的是承担自己的责任，而不是躲避和推卸责任。本次游戏的目的是培养学生勇于承担责任的品质和团队合作精神。

训练组织：

游戏一

游戏第一步，参加的全体同学，按要求在两分钟之内平均分成两队。每队由同学自告奋勇产生男女队长各一名，组织团队进行比赛（队长不参加比赛）。

队长宣誓，回答教师提出的三个问题：“有没有信心战胜对手”“如果失败，敢不敢于面对队员的指责”“如果失败，愿不愿意承担由此所带来的一切责任”。教师宣布比赛规则：

1）全队同学进行报数，速度越快越好；

2）分别进行8轮比赛，每轮比赛间隔休息3分钟、2分钟（2次）、1.5分钟（2次）、1分钟（2次）。

3）每轮比赛均进行奖惩。输者，由队长率领队员向对方表示诚服，并对对方队员说：“愿赌服输，恭喜你们！”并由男女队长做俯卧撑10次，如果以后再输，俯卧撑的次数将会成倍递增。赢了的队伍，全体哈哈大笑，以示胜利。

4）将每轮比赛的结果记录下来。游戏结束，教师引导同学讨论：

① 每个人在团队中扮演了什么角色？为什么队长要为队员所犯的错误承担责任？

② 谈谈责任心对我们的职业和人生的影响。

游戏二

同学们间隔一臂距离站成数排（视班级情况而定，不过于分散为宜），主持人喊口令：喊一时向右转；喊二时向左转；喊三时向后转；喊四时下蹲再起立；喊五时不动。当有人做错要走出队列，站在大家面前先鞠一躬，并举起右手高声说：“对不起，我错了。”

游戏三

全班每个学生自备一个生鸡蛋、一个护腕；教师按全班学生人数准备统一的带有封口的塑料袋、胶条、毛线绳。

操作程序：

1）教师在活动开始前，先向学生宣讲活动规则和注意事项。

2）早上学生到校后，在第一堂课开始前，教师将写好姓名的塑料袋分发给每个学生。

3）每个学生在自备的生鸡蛋上写上自己的姓名，放进塑料袋后，每两个学生互相帮助，拿毛线绳将塑料袋用死扣系在左手手腕上（为防伤手，可戴护腕，将绳系在护腕上）。

4）教师用胶条将扣口封住。

5）学生开始进行一天的学习生活。

6）一天的学习生活结束后，教师将学生集合在一起，记录好每个学生塑料袋中鸡蛋的存在状态后，让学生互相帮助解开塑料袋。

7）教师根据活动结果评出“好家长”。

8）组织学生谈体会。

9）教师给予指导并总结。

操作规则：

1）每个学生将自己视为“家长”，将鸡蛋视为自己的“孩子”，必须按要求将放进塑料袋中的鸡蛋携带在身，保证鸡蛋完好无损。

2）不管鸡蛋是否破损，都不得自行将塑料袋解下来。违规者被视为“失职家长”。学生可互相监督，老师最后也要检查封口。学生如果有左发力者可以将鸡蛋系在右手上。

3）学生仍然要照常进行一天的学习生活。不要选取有体育课、劳动课或实验课的日子进行（可根据实际情况，掌握携带时间）。有条件的学校可延长活动的时间。

4）鸡蛋有裂纹或破损者为“失职家长”。鸡蛋完好无损者可评为“好家长”。注意收集好破损的鸡蛋，没有破损的鸡蛋由学生自行带回。

训练考核：

教师根据每组成员的表现给予评价与指导。

拓展阅读与思考

成为你自己

童年和少年是充满美好理想的时期。如果我问你将来想成为怎样的人，你一定会给我许多漂亮的回答。譬如想成为爱因斯坦那样的大科学家、曹雪芹那样的文豪等。我认为比这一切重要的是：首先应该成为你自己。

姑且假定你特别崇拜爱因斯坦，成为像他那样伟大的科学家是你最大的愿望。好吧，我问你：就让你成为爱因斯坦，生长在他那个时代，有他那些经历，你愿意吗？你很可能会激动得喊起来：太愿意啦！我再问你：让你从身体到灵魂整个儿都变成他，你也愿意吗？这下你或许有些犹豫了，会这么想：整个儿变成了他，不就是没有自己了吗？对了，我的朋友，正是这样。那么，你不愿意了？当然喽，因为这意味着世界上曾经有过爱因斯坦，这个事实没有改变，唯一的变化是你压根儿不存在了。

由此可见，对于每一个人来说，最宝贵的还是他自己。无论他多么羡慕别的什么人。如果让他彻头彻尾地成为这个别人而不再是自己，谁都不肯了。

在茫茫宇宙间，每个人都只有一次生存的机会，都是一个独一无二、不可重复的存在。你死之后，没有人能够代替你再活一次。如果你真正意识到了这一点，你就会明白，活在世上，最重要的事就是活出你自己的特色和滋味来。你的人生是否有意义，衡量的标准不是外在的成功，而是你对人生意义的独特领悟和坚守，从而使你的自我闪放出个性的光华。

学习与探究

学生阐述观点：

教师点评观点：

学生进行总结：

项目五　职业素养，成就事业

任务一　敬业乐业，快乐工作

学习目标

- ◈ 了解敬业的内涵
- ◈ 了解敬业与事业的关系
- ◈ 学习做一个敬业的人

曾经有个老木匠准备退休了，他告诉他的老板自己年纪大了，不想再做盖木房子的工作了，他知道这样收入会少些，但还是决定退休。想和老伴过过清闲的退休日子，享受晚年的生活。虽然他也会惦记这段时间里，还算不错的薪水，不过他还是觉得需要退休了，生活上没有这笔钱，也是过得去的！老板舍不得他的好工人走，问他看在多年的交情上是否愿意再帮忙盖“最后一栋房子”。老木匠答应了，但随着时间的流逝，很容易看得出来，老木匠的心已经不在盖房子上面了：他用的是软料、次料，出的是粗活，所以手工非常粗糙，工艺做得更是马马虎虎。老木匠终于草草地完成了“最后一栋房子”，他请老板来验收。老板来到房子前面，手里递过一把钥匙给老木匠，拍拍老木匠的肩膀，诚恳地说：“这是你的房子，是我赠送给你退休的礼物!”木匠惊呆了，羞愧得无地自容。事到如今，返工已不可能，如果他早知道是在给自己建房子，他怎么会这样呢？他一定会用最好的材料、最高明的技术，然而现在呢，却建成了“豆腐渣工程”！可是一切已经来不及了，现在他得住在一幢粗制滥造的房子里！他只能自作自受。老木匠这时痛心疾首，因为他一辈子的“英名”也就这样毁了，同时还要接受惩罚，让自己人生的最后阶段住在这个让他一辈子感到耻辱的地方。后来老木匠含着对自己的恨离开了人世，在离开人世之前在这座房子大门上装了一个大匾，上面写着:“生活是自己创造的”。

一、感悟敬业

名人名言

不能爱哪行才干哪行，要干哪行爱哪行。

——丘吉尔

（一）爱岗与敬业

1．爱岗敬业的定义

爱岗就是热爱自己的工作岗位，热爱本职工作。爱岗是企业和社会对每一位工作者的工作态度的普遍要求。热爱本职，就是工作者以正确的态度对待各种职业劳动，努力培养自己对所从事工作的幸福感和荣誉感。一个人，一旦爱上了自己的职业，就会全身心地融合于工作中，就能在平凡的岗位上创造出不平凡的业绩。

每个岗位都承担着一定的社会职能，是从业人员在社会分工中所获得的一个岗位角色。工作岗位对我们而言不仅意味着生活的经济来源和谋生手段，还意味着一个社会承认的正式身份和与之伴随的社会责任。

生活实例

一位心理学家正在进行一项研究，他来到一个建筑工地，对现场正在忙碌的敲石工人进行访问。

心理学家问他遇到的第一位工人：“请问您在做什么？”

工人没好气地回答：“我在做什么，你没看到吗？我正在用这个重得要命的铁锤，来敲碎这些该死的石头。而这些石头又特别的硬，害得我的手酸痛不已，这真不是人干的工作。”

心理学家又找到第二位工人：“请问您在做什么？”

第二位工人无奈地答道：“为了每天50元的工资，我才会做这件工作，要不是为了一家人的温饱，谁愿意干这份敲石头的粗活？”

心理学家问第三位工人：“请问您在做什么？”

第三位工人眼光中闪烁着喜悦的神采：“我正参与兴建这座雄伟的高楼大厦。落成之后，这里可以容纳许多人居住和工作。虽然敲石头的工作并不轻松，但每当想到我的劳动使我们的城市又增添了一座美丽的建筑，心中就会激动不已，也就不感到劳累了。”

作为职业院校学生，在我们择业和就业的过程中，要从社会需要的角度出发，努力培养自己的工作兴趣，热爱本职工作。不仅要热爱工作条件好、待遇高、专业性强、工作环境轻松舒适的工作，对于那些工作环境艰苦、繁重劳累或是工作地点偏僻、工作单调、技术性低、重复性大的工作，也要抱着“干一行爱一行”的态度，去适应不同岗位的要求。热爱艰苦的岗位并在这些岗位上认真工作的人具有高尚的品德，更能赢得社会和他人的尊重。

敬业就是用一种严肃的态度对待自己的工作，勤勤恳恳、兢兢业业，忠于职守。整个社会就像一台复杂的机器，其中的任何一个环节，哪怕是一个小小的螺丝钉出现了问题，都会影响整台机器的运转。如果我们在自己的工作岗位上不能做到尽职尽责、忠于职守，不仅会影响企业的生存和发展，还会给国家和社会带来严重的损失，甚至还会影响国家在国际社会中的地位。

爱岗与敬业的精神是相互联系的。爱岗是敬业的基础，敬业是爱岗的具体表现。不爱岗就很难做到敬业，不敬业就不能说是真正的爱岗。我们只有做到爱岗才能敬业，敬业才能将工作做到最好，才能激发对岗位无限的热爱之情，两者相辅相成、互相促进。只有做到爱岗敬业，才能激发出我们无穷的工作动力，才能产生克服困难的勇气与力量。

职业是一个人赖以生存和发展的基础和保障。一个工作岗位的存在，往往也是人类社会存在和发展的需要。爱岗敬业不仅是个人生存和发展的需要，也是社会存在和发展的需要，这就要求我们每一个人都要具备爱岗敬业的工作态度，去实现自我价值、为社会的发展奉献自己的光和热。

2. 爱岗敬业就是干一行爱一行

在我国市场经济条件下，实行求职者与用人单位双向选择的就业方式，这种就业方式的优势在于，能使更多的人从事自己感兴趣的工作，用人单位也能挑选出适合企业需求的人才。双向选择的就业方式为更好地发挥人的劳动积极性创造了条件，有助于培养和激发劳动者爱岗敬业的职业道德。

首先，爱岗敬业、热爱本职，并不是排斥我们职业的全面发展、要求我们终身从事一个职业。干一行爱一行的真正含义是：我们在做好本职工作的同时，不断增长知识和才干，努力成为本行业的多面手和专家。我们要根据企业和社会的需要，并结合自己的个人专业、特长、兴趣和爱好进行正确的职业定位，充分发挥自己的积极性和创造性。提高自身的就业竞争意识，自觉遵守忠于职守、爱岗敬业的职业道德规范。

其次，求职者是否具有爱岗敬业的精神，是用人单位挑选人才的一项非常重要的标准。企业更倾向于录用那些具有爱岗敬业精神的人，因为，热爱自己所从事的工作是一个人专心致志地做好本职工作的前提。只从个人兴趣出发、见异思迁、“干一行，厌一行”的人，不可能受到企业的青睐。

在现实生活中，能够找到自己理想职业的人毕竟是少数，对于多数人而言，必须面对现实去从事企业和社会所需要的工作。在这种情况下，如果没有“干一行，爱一行”的敬业精神，我们很难出色完成本职工作，个人的职业生涯发展也将受到阻碍。

（二）乐业才能敬业

我们应当像热爱生命一样去热爱自己的工作，不论我们从事什么岗位的工作，也不论职务高低，只有爱岗才能从工作中体味到乐趣和满足，才会有工作的幸福感和成功感。

是否喜欢自己所从事的工作，在工作中的表现会有巨大的差别。对自己从事的工作感到满意的人，能以积极的心态对待工作，即使遇到困难和挫折也会主动寻求出现问题的原因，然后找出改进的措施；而对自己从事的工作不满意的人，总是抱怨工作中的各种不如意。具有消极的心态的人，持敷衍的态度工作，必然无法取得工作的进展和事业的成功。

我们要做一个心态积极的工作者，用乐业的心去发现工作给我们带来的美妙和无穷的乐趣，用敬业的心去发掘内心蕴藏着的无限活力和巨大创造力。我们对自己的工作越热爱、决心越大，工作就越快乐，工作效率就越高。

当我们以热情的态度去面对自己的工作时，工作就不再是一件苦差事，而是一件充满价值和乐趣的事。快乐地工作不仅会给我们带来成就感和满足感，还会为我们创造更多从事自己所热爱工作的机会，为自己未来的职业发展带来新的机遇。

乐业是敬业的基础，敬业是生存的需要，只有敬业乐业的人，才能为自己的生存和发展创造出必需的物质财富和精神财富，才能拥有生活的不竭源泉，才能找到生存的真谛。敬业乐业能使我们的生活更有乐趣、生存更有意义，促使我们为企业、为社会贡献更大的力量，为自己创造出生命更高的价值。

测测你的敬业程度

测试导语：

敬业是一种认真负责、一丝不苟的工作态度。在市场竞争日益激烈的今天，只有关心企业、忠诚于企业的员工才能拥有一个施展个人才华、发展职业生涯的平台。作为准职业人的你是否具有敬业精神呢？以下问卷将测试出学生的敬业程度，让学生以企业员工的身份进行自我评价。

开始测试：

1）决不随意动用企业财物。（　　）

A．不同意　　B．部分同意　　C．同意

2）在规定的午休时间内，准时返回工作场所。（　　）

A．不同意　　B．部分同意　　C．同意

3）发现有人违反企业的规章制度，立即向领导反映。（　　）

A．不同意　　B．部分同意　　C．同意

4）严格保守企业秘密。（　　）

A．不同意　　B．部分同意　　C．同意

5）工作时间，不擅自离开工作岗位。（　　）

A．不同意　　B．部分同意　　C．同意

6）在任何情况下都不做有损企业声誉的事情。（　　）

A．不同意　　B．部分同意　　C．同意

7）经常积极主动地提出关于企业管理和发展方面的合理化建议。（　　）

A．不同意　　B．部分同意　　C．同意

8）不向与企业存在竞争关系的对手透露企业的商业秘密。（　　）

A．不同意　　B．部分同意　　C．同意

9）关注自身和周围同事们的健康。（　　）

A．不同意　　B．部分同意　　C．同意

10）愿意接受更繁重的工作和更重大的任务。（　　）

A．不同意　　B．部分同意　　C．同意

11）即使辞职了也不做有损于企业声誉的事情。（　　）

A．不同意　　B．部分同意　　C．同意

12）安心本职工作，不频繁跳槽。（　　）

A．不同意　　B．部分同意　　C．同意

13）不对外谈论企业的事务，不发表对企业不利的言论。（　　）

A．不同意　　B．部分同意　　C．同意

14）积极主动地工作，特别是在关乎企业形象和商业利益的场合。（　　）

A．不同意　　B．部分同意　　C．同意

15）企业利益高于个人利益。（　　）

A．不同意　　B．部分同意　　C．同意

16）在未能实现工作计划安排的情况下，自愿加班直到完成工作。（　　）

A．不同意　　B．部分同意　　C．同意

17）不在工作场所发表消极的言论和做出消极的行为。（　　）

A．不同意　　B．部分同意　　C．同意

18）利用业余时间收集和研究与所在行业和企业相关的信息。（　　）

A．不同意　　B．部分同意　　C．同意

19）支持和购买本企业所生产的产品或服务，并向周围的朋友宣传和推荐。（　）

A．不同意　　B．部分同意　　C．同意

20）争取得到家人对自己工作和事业的支持。（　）

A．不同意　　B．部分同意　　C．同意

21）和周围的同事建立良好的人际关系，以创造和谐的工作氛围。（　　）

A．不同意　　B．部分同意　　C．同意

22）为了提高工作绩效，要做到劳逸结合。（　　）

A．不同意　　B．部分同意　　C．同意

23）在工作时间内，绝对不喝烈性酒。（　　）

A．不同意　　B．部分同意　　C．同意

专家点评：

6 题以上选择“不同意”：敬业程度低下；

3～5 题选择“不同意”：敬业程度中等；

1～2 题选择“不同意”：敬业程度优秀。

如果没有一题选择不同意，恭喜你具有卓越的敬业精神，请继续保持这种对事业的积极态度。

二、敬业成就事业

名人名言

使事业成为喜悦，使喜悦成为事业。

——罗素

（一）敬业是一种核心职业能力

敬业是一种职业态度，也是职业道德的体现。敬业精神的强弱取决于一个人的职业态度。一般来说，人的智力差别不大，工作绩效的高低往往取决于我们对待工作的态度。现代企业选用人才的首要标准就是：必须具备敬业精神。具有敬业精神的员工的工作目标不仅仅是将工作当成一项任务，而是用敬业的态度把普通的工作当成一种事业和使命，全身心投入，为企业的发展奉献自己的力量。敬业精神是一个职业人必须具备的职业道德，这种职业道德是人们从事任何行业、任何工作的行为准则，是成功者不可或缺的重要品质。

在激烈的市场竞争中，员工的敬业态度决定了企业的生存和发展。忠于职守、爱岗敬业的员工，能为企业制造出高品质的产品，为顾客提供优质的服务。将敬业意识深植于自己脑海的员工，会用积极主动、愉悦的心态来面对工作，从而为企业的发展创造更多的价值，同时也能为员工自身事业的成功获取更多的经验和机遇。

每一个蓬勃发展的企业里，一定拥有一批兢兢业业、埋头苦干的员工。作为职业院校学生，我们凭借什么才能立足企业、发展自我呢？虽然我们还不具备一流的能力，但只要我们具备爱岗敬业、求真务实的精神，同样可以赢得企业的信任和尊重。敬业精神可以让我们从平凡走向优秀、从优秀走向卓越；敬业精神是我们未来的一种职业能力，是我们不断超越自我、取得事业成功的核心竞争力。

生活实例

A 对 B 说：“我要离开这个公司，我恨这个公司！”

B 建议道：“我举双手赞成你报复这破公司，一定要给它点颜色看看。不过你现在离开，还不是最好的时机。”

A 问：“为什么？”

B 说：“如果你现在走，公司的损失并不大。你应该趁着在公司的机会，拼命去为自己拉一些客户，成为公司独当一面的人物，然后带着这些客户突然离开公司，公司才会受到重大损失，非常被动。”

A觉得B说得非常在理，于是努力工作。事遂所愿，半年多的努力工作后，他有了许多忠实的客户。

再见面时，B问A:“现在是时机了，要赶快行动哦!”

A淡然笑道:“老总跟我长谈过，准备提升我做总经理助理，我暂时没有离开的打算。”其实这也正是B的初衷。一个人的工作，永远是为自己的简历。只有付出大于得到，让老板真正看到你的能力大于位置，才会给你更多的机会替他创造更多的利润。

（二）珍惜工作岗位是敬业精神的体现

只有珍惜工作的人，才会拥有工作的机会；只有珍惜工作的人，才会发自内心、积极主动地工作；只有珍惜工作的人，才会敬业爱岗；只有珍惜工作的人，才会全力以赴，把工作做到最好。

1．全心全意热爱本职工作

敬业的前提条件是对本职工作的热爱。如果我们不热爱自己的本职工作，对工作没有饱满的热情，就不可能真正做到爱岗敬业。当我们在做自己喜欢做的工作时，很少感到疲倦，因为做自己喜欢的工作会让我们享受到工作的快乐。相反，如果我们对自己所从事的工作很厌烦，随之产生的职业倦怠会使我们意志消沉、工作效率低下。

是否热爱自己的本职工作，取决于我们是否具有尽心尽力、积极进取的良好职业态度。无论从事何种职业，我们都应当竭尽全力、积极进取，尽自己最大的努力提升工作技能，不断进步；都应当把爱岗敬业的精神作为一种职业习惯，融入到我们工作的每一个细节中，要有“干一行爱一行，爱一行钻一行”的意识，精益求精，尽职尽责，从而创造美好的工作前景。

2．加倍珍惜工作机会

在激烈的人力市场竞争中，职业院校学生要想获得职业发展的机遇，就要加倍珍惜来之不易的工作机会，循序渐进，从基层做起。如果我们今天工作不努力，明天就要努力找工作。面对就业竞争的压力，我们要根据自己的能力水平进行合理的职业定位，不能好高骛远、眼高手低，只有珍惜自己的工作和岗位，用智慧和辛勤的劳动证明自己的才干，工作才能稳定，事业才能发展。

珍惜自己的工作是一种责任、一种承诺、一种义务、一种精神。只有用真诚的心去工作，才能做到热爱自己的职业、尊重自己所从事的工作，才能精通业务、不被企业所淘汰。百倍地珍惜工作，不在乎别人的不理解甚至负面的评价，积极主动，兢兢业业，我们的劳动和付出就一定能得到他人的尊重、企业的认可和社会的承认。

（三）爱岗敬业使人出类拔萃

无论从事什么行业，只有全心全意、尽职尽责地工作，才能在自己工作的领域里出类拔萃，这既是敬业精神的直接表现，也是社会和企业对每个从业人员的基本要求。

真正热爱工作的人，将工作看做一项神圣的天职，对工作怀着浓厚深切的兴趣。如果我对工作满怀热忱，竭尽全力，就能超越平庸的工作，成就完美的事业。哪怕是最平常的工作，只要注入了我们的心血与热忱，都可以使它成为一项快乐而高尚的职业。工作不仅仅是谋生的手段，更是我们服务社会、奉献他人的神圣使命，是使我们的生命充满意义的伟大事业。

职业院校学生在职业生涯初期就应当树立正确的职业道德观念，抱着敬畏的态度对待工作，即使是辛苦枯燥的工作，也要一丝不苟、有始有终地完成，要立足本职，体味平凡岗位工作的乐趣，使每一天的工作都充满意义。

（四）勤奋敬业才能成就事业

敬业精神是成就事业的前提和基础，有了敬业精神，才能有立业之志、立业之能。敬业精神会化苦为乐、化复杂为简单、化踌躇为果断；敬业精神会让我们产生无穷的毅力和决心，成为我们实现职业理想的强大支撑力。

一个人的成才与成功，外部因素固然重要，但更重要的是自身的勤奋与努力。勤业才能敬业，勤奋工作能激发我们内在的激情，能使我们增长才能、增进智慧，是创立最佳工作业绩的有力保障。

在个人职业生涯发展道路上，敬业精神直接决定着我们未来事业发展的高度。只有认识和领会了勤奋敬业的内涵，才能不断提升自我、追求卓越。作为员工，只有干一行、爱一行、精一行，才能更好地适应企业发展的要求，才能发挥自我效能、提高工作效率、获得事业的成功。

三、传承敬业精神

名人名言

人在履行职责中得到幸福。

——罗佐夫

（一）努力做到爱岗敬业

随着社会经济的不断发展，市场竞争越来越激烈，企业作为市场竞争的主体，面临着空前的挑战和压力，社会的发展呼唤敬业精神，企业的改革和发展需要敬业精神。作为未来企业的主人，我们应当培养、激发自己的爱岗意识，增强敬业精神，用满腔的激情和热忱去迎接明天的挑战。

1．将工作当成使命

敬业是一种能力、一种精神，更是一种优秀的品质。敬业精神是职业素养的首要内涵，是职业道德的核心内容。敬业精神源于我们对工作的热爱，对家庭、对社会的责任。我们的国家正处在社会主义建设初期阶段，国家的发展和民族的振兴，要依靠我们这一代年轻人来实现，我们要将国家繁荣富强作为自己的责任。工作是我们的神圣使命，是家庭幸福、社会发展的源泉，用一颗真诚的心去对待工作，才能真正感悟工作的价值和生命的意义。

2．做好本职工作

我们既要树立远大的职业理想，又要根据自身条件进行合理的职业定位。社会主义职业道德所提倡的职业理想是以为人民服务为核心，以集体主义为原则。每个职业人都要热爱本职工作，将自己的职业兴趣与国家需要和企业需求结合起来，把国家需要作为自己的志愿，将企业需求作为努力的方向，在工作实践中逐步培养职业兴趣和职业能力。选择职业要结合社会环境和自身条件，"三百六十行，行行出状元"，即使所从事的职业不理想，也应当争取在自己的本职岗位上有所作为，平凡的岗位同样可以成就辉煌的事业。

3．爱岗敬业就要乐于奉献

奉献精神是敬业精神的升华，是为社会、为企业、为他人发一分光，奉献一份力量。爱岗敬业的职业道德要求企业员工，在个人利益和企业利益发生冲突的时候，为工作的需要作出一定的个人牺牲：有时需要放弃休息和与家人团聚的机会，坚守工作岗位；有时需要独在异乡开展工作，忍受无法与亲人朋友共聚的寂寞，独自承担工作的压力，为企业的发展默默地付出；有时需要克服职业倦怠，用满腔的激情和吃苦耐劳的精神，在自己的工作岗位上孜孜以求、执著拼搏。

个人的一份付出产生的力量可能非常渺小，但聚集了众人的合力就能释放出巨大的能量。我们要用对工作的激情和乐于奉献的敬业精神，影响和感染周围的人，共同提高工作绩效，增强企业的凝聚力和战斗力。

4．爱岗敬业就要积极进取

作为职业院校学生，明天事业的成功源于今天刻苦努力的学习，需要掌握扎实的专业知识和职业技能。古人说："青春不如耕，何以自结束。"要想胜任企业不断提高的对人才的要求，只有抓住时间，在有限的青春岁月里勤奋求学、积极进取，才能为未来的职业发展打下坚实的基础。

在职业生涯发展的过程中，要抱着坚持不懈、终身学习的理念，逐步成才。职业院校学生毕业后到企业工作，并不意味着学习生涯的结束，而是另一种学习形式的开始。爱岗敬业不仅要努力做好本职工作，还要不断思索如何提升自己的职业能力，不断掌握新技术、新工艺，把工作做得更好。要勤于思考，改进工作方法，提高工作绩效，努力成为企业的业务骨干和技术尖兵，为企业创造更多的效益。

拓展阅读

“工人教授”——窦铁成的事迹

从一名只有初中文化的农村青年，成长为为企业创造上千万元效益的电力专家，中国中铁一局电力技师窦铁成用他29年的不懈努力，实现了人生的跨越。

从初中文化程度的普通工人成长为“工人教授”，窦铁成用他朴素的人生经历，演绎了当代工人的不凡历程！他一直默默无闻地工作在施工生产第一线，从一名只有初中文化程度的普通工人，成长为电力高级技师，在平凡的岗位上做出了不平凡的业绩。他在近30年的工作生涯中，先后提出施工设计变更6次，解决技术难题52项，排除送电运行故障300余次，负责安装的38个铁路、公路变配电所，全部一次性验收通过，一次性送电成功，并全部被评为优质工程。他为企业创造和节约价值1 380万元。

在高度流动分散、工作生活异常艰苦的环境中，窦铁成坚守“一个人可以没有文凭，但不能没有知识和技能”的信念，以只争朝夕的精神和坚忍不拔的毅力，坚持走自学成才、岗位成才之路，几十年如一日，克服常人难以想象的困难，坚持在工作中学习，在学习中工作，认真学习和掌握从事本职工作所需要的新知识和新技能，实现了由实干型向知识型、技能型工人的跨越。窦铁成刻苦自学了《高等数学》《电工学》《电磁学》《电子技术》《电机学》《钣金工艺》《钳工技术》《机械制图》等书籍，其中有一些还是大学的教材，记下了60余本、百万余字的工作学习日记。

窦铁成对工作有一种执著的追求，他坚持以“一点也不能差，差一点都不行”的工作态度和“恪尽职守、精益求精”的职业操守，严格执行工作标准和技术规范，创造了一项又一项优质工程。

实铁成热爱学习、善于学习，而且接受新知识、新事物较快。他不仅能够熟练使用计算机，而且学会 CAD 制图等计算机应用技术，成为电务公司工人中用计算机设计绘制电力图纸的第一人。电务公司的职工们都愿意与他一起学习和工作，还亲切地称他为“专家”、“教授”。

（二）培养爱岗敬业的职业态度

敬业精神是一种良好的职业态度、一种高尚的品格、一种行为习惯的集中表现。追求完美、精益求精的敬业态度是我们通往职业巅峰成就的台阶，是我们最为宝贵的财富。职业习惯并非与生俱来，需要我们通过不断地培育和锻炼，时常自我警醒，找出自己的差距和不足，逐渐使自己的行为习惯职业化。从简单的小事和细节做起，将良好的职业态度和职业习惯根植于我们的意识里。

生活实例

1972 年，孔祥瑞初中毕业后到天津港码头当了工人。他放弃了多次学习深造的机会，始终坚持在实践中学习，把工作岗位当成课堂，把生产实践作为教材，把设备故障视为课题，把身边怀有一技之长的工友当做老师，努力攻开了一个又一个技术难关。2001 年，他主持创新“门机主令器星形操作法”，使门机每一次作业可节省时间 15.8 秒，当年就创造效益 1 600 万元；2003 年，他主持的“门座式起重机中心集电器”技术革新项目，被授予国家级实用型发明专利。一名仅有初中学历的普通工人，却享有“蓝领专家”的美誉。34 年的工作历程中，在自己平凡的岗位上，一位蓝领工人创造了 150 多项科技成果，为企业创造效益 8 400 多万元。孔祥瑞在为企业创造经济效益的同时，也使他所在部门的机械设备使用和管理跨入同行业全国领先、世界一流的水平，这就是一个普通劳动者的成就。

良好的职业习惯会对我们的思维方式和行为方式产生潜移默化的影响，将简单、正确的职业习惯坚持下去就能产生巨大的力量，使我们变得更优秀，工作表现更出色，获得更多新的知识、能力、经验和快乐。养成敬业的习惯，会让我们受益终身。

校园技能文化节

训练目的：

校园技能文化节是展示职业学校学生精神风貌、技术技能和职业素养的舞台。通过校园技能文化节的活动，营造学知识、比技能、勤奋敬业的校园文化和学习氛围，使学生在技能比拼中自我检验、提升职业能力，促进学生习得过硬的专业素质，最终满足企业的需求，成为合格的职业人。

训练组织：

第一阶段：宣传动员

1）校园技能文化节开幕式，动员全校师生参与校园技能文化节的活动。

2）进行技能竞赛和文化素养比赛等多个项目的热身赛。

3）竞赛活动项目安排参考如下所列。

技能竞赛项目：① 钳工、模具、数控机床等机械加工技能竞赛；② 电工、电子技能竞赛；③ 软件、动漫、计算机基础等技能竞赛。

文体素质比赛项目：① 百科知识趣味比赛；② 英语演讲比赛；③ 校园歌咏比赛；④ 环保设计比赛；⑤ 篮球联赛、趣味运动会等体育比赛。

第二阶段：正式启动

1）校园文化节期间，邀请企业专家到校进行行业发展、企业管理、最新行业技术、就业创业等方面的专题讲座。

2）进行各个项目的正式比赛，邀请企业专家到校担任评委，参照企业和行业标准进行评比。

第三阶段：总结表彰

评选出各个项目的技术状元和技术能手并予以表彰奖励。

任务实施

劳动模范故事分享会

训练目的：

1）通过分享各个时代劳动模范的先进事迹和感人故事，帮助学生树立正确的人生观和具有时代特征的核心职业道德观念，以劳动模范自强不息、顽强拼搏的崇高品格激励和影响学生树立爱岗敬业的优秀品质。

2）通过“劳动模范故事分享会”主题活动项目的实施，培养学生收集、处理和整合信息的能力，提高学生的团队协作和口头表达能力。

训练组织：

1）提前一周宣布《劳动模范故事分享会》活动安排。

2）将全班同学按10人左右规模分为若干个小组，选出小组负责人。小组成员分工负责收集资料、制作PPT幻灯片、讲故事等各个环节的工作。

3）每位小组成员首先在组内共享资料、分享成果，选派一名最优秀的代表参加全班的故事分享活动。

4）评选出幻灯片制作得最好和故事讲得最精彩感人的小组进行奖励。

5）班级每位成员写出参与劳动模范故事分享会的心得体会，张贴在班级宣传栏进行交流。

训练考核：

1）鼓励班级的每位成员参与活动，对表现优异者予以加分鼓励。

2）为在幻灯片制作和讲故事环节中表现优秀的同学颁发奖状予以鼓励。

任务二 服务意识，发自内心

学习目标

◈ 了解服务的含义
◈ 了解顾客真正需要什么
◈ 学习提升服务

在美国，有一个家庭主妇买了一包新上市的桂格麦片，第二天亲口尝了以后感觉不满意，她就依美国的消费者保护法令，要求退还货款。在她把抱怨信寄给桂格公司后，她又仔细品尝了一次，发现味道还可以，也就把这事放下了。很快，桂格公司给她寄来了一张退款支票，并附上很诚恳的道歉信，为产品不合她的口味而道歉，并欢迎她继续试用桂格公司的其他产品。这一来，她反倒觉得不好意思，再写一封信告诉桂格公司，她现在蛮喜欢这个产品的，并且把退款支票退还给桂格公司。然而桂格公司却给她送来更多免费的新产品，同时请她把这个情况刊登在公司的刊物上。桂格公司靠优质的服务，不仅保住了一位老顾客，而且由这位老顾客的故事，吸引了更多的新顾客。

一、服务的含义

1．服务是工作职责

在这个世界上，人人都扮演着不同的角色，人人都要履行自己的职责。从某种角度来说，履行职责最直接的方式就是服务：为社会服务，为客户服务，为同事服务，为亲人服务。服务成为人与人之间的一种基本关系和人生基本义务。对于企业员工而言，最重要的是代表企业为客户提供服务。服务不是任务，是员工应当履行的职责，是需要用心去做的工作。

社会中的各个企业都应该以服务最佳作为企业求生存、谋发展的要求，要做到这一点，就要求企业中的每一名员工都要以服务作为自己的工作职责。以电力企业为例，电力是人们生活的必需品，客户在购买和消耗电力的整个过程中，分分秒秒都在享受着供电服务。这使得供电企业提高服务水平，较之一般的服务型企业显得更加紧迫和艰巨。供电工作的所有内容呈现为服务，优质服务成为供电企业的生命线。这就要求每一位电力员工深刻理解自己所从事的供电服务工作的重要性和特殊性，树立强烈的服务意识，主动履行工作职责，努力维护和实践“以客户为中心”的服务战略，将真诚服务的理念诠释到每一个服务的细节中，以自己的实际行动使无形的“电”传递出让客户感动、令客户满意的有形服务。

2．服务是产品

服务是与硬件、流程性材料、软件并列的四种通用产品之一。简而言之，服务是一种产品。把服务看作产品的一种，而不是与产品并列，这是人们认识上的一个进步。

一旦将服务置于市场中，以盈利为目的，获得了报酬，则显示服务具有交换价值。与其他通用产品不同的是，它的特点是活动过程的结果与顾客的消费同步，或者说服务在成为产品的同时就成为了商品。

3．服务是快乐与收获

工作者是幸福的，服务者是美丽的。服务带给你快乐和满足、希望与收获。服务是一种快乐和境界，是一种满足和享受。它所演绎的实际是一个自我与客户、与同事相互愉悦的过程。当你把帮助、方便和舒适带给别人的时候，你服务着、快乐着，你会领略到一种境界，你会获得快乐和满足，正所谓“送人玫瑰，手留余香”。

生活实例

李庆长，哈尔滨电业局客户服务中心“国家电网黑龙江电力（李庆长）共产党员服务队”队长、全国劳模，对于真诚服务带来的快乐和收获，他深有体会。他说：“作为一名电力工人，在工作岗位上真心实意地为人民做点事，可组织却给了我许多荣誉，使我感到很不安，这也更加坚定了我为人民服务的信心和决心。”

一次，在七月酷暑的中午，李庆长前往一户四世同堂的人家排除用电故障。当故障排除，接上电后，这家人递上了水果，拿出了钱，但都被他谢绝了，为了表示感谢，主人提出要和他们合影留念。后来，李庆长说：“我抱着这家的小孩，与这个四世同堂的家庭照了合影。那一刻，累，忘了；热，忘了。我感到我们服务队真的与老百姓融为一体了。我们为客户排除故障送上电后，客户送上的是人间真情，我们感受的是欢乐与幸福。”李庆长经常跟他的队友说，当你能为群众解决用电困难，看到客户如释重负高兴的样子，你就会由衷地感受到人生的价值和快乐。

还有一次，“国家电网黑龙江电力（李庆长）共产党员服务队”的车被一位交警拦住了。当车靠边停下后，那位交警过来行礼，说：“实在对不起，看了李庆长的事迹后我很感动，我就想实实在在看上李队长一眼，给他道一声辛苦，表达我的一份敬意。”

二、顾客真正需要什么

顾客要买的从来就不仅仅是商品或服务本身，而是他们期望从所购商品或服务中感受的一些效应，这些效应通常包括以下几点：

1．功能效应

功能效应是指企业为顾客满意服务所提供的各种物化特征。例如，北方城市的公共汽车上，在冬季时都在金属扶手上包上保温层；新建的住宅楼都为残疾人留出了专用通道。

2．地理效应

地理效应是指指企业为顾客提供服务或商品时在地理位置上所能给予顾客的便利条件。例如，你不必出门就可以吃到快递送的比萨饼；打个电话就能发送特快专递。

3．时间效应

时间效应是指企业为顾客提供商品或者服务时，在时间要求上的准确性。如银行业提出的限时服务制、飞机航班的准时起飞和抵达等。

4．保证效应

保证效应是指企业为顾客提供商品或者服务时，在定价、付款及质量保障方面的基本措施。如电子产品的质量保证期、某些商业零售企业推出的“全市最低价”等。

生活实例

美国汽车推销之王乔·吉拉德曾有一次深刻的体验。一次，某位名人来向他买车，他推荐了一种最好的车型给他。那人对车很满意，并掏出10 000美元现钞，眼看就要成交了，对方却突然变卦而去。乔为此事懊恼了一下午，百思不得其解。到了晚上11点他忍不住打电话给那人：“您好！我是乔·吉拉德，今天下午我曾经向您介绍一部新车，眼看您就要买下，却突然走了？”“喂，你知道现在是什么时候吗？”

“非常抱歉，我知道现在已经是晚上11点钟了，但是我检讨了一下午，实在想不出自己错在哪里了，因此特地打电话向您讨教。”“真的吗？”“肺腑之言。”“很好！你用心在听我说话吗？”“非常用心。”“可是今天下午你根本没有用心听我说话。就在签字之前，我提到我的吉米即将进入密执安大学念医科，我还提到他的学科成绩、运动能力以及他将来的抱负，我以他为荣，但是你毫无反应。”乔不记得对方曾说过这些事，因为他当时根本没有注意。乔认为已经谈妥那笔生意了，他不但无心听对方说什么，反而在听办公室内另一位推销员讲笑话。这就是乔失败的原因：那人除了买车，更需要得到对于一个优秀儿子的称赞。

三、提升服务的几点建议

1．培养五种服务态度

1）真诚质朴

真诚、热情发自内心。《说文》中说：“信，诚也，从人，从言”。换句话说，“人言成信”，这是过去中国人造文字时得到的简单深刻的启发。人和兽不同之处就在于人“言而有信”。孔子曰：“人而无信，不知其可也。”所以，诚信是人际关系之本，更是我们所谈的服务之本。

2）尊重备至

尊重是中国式殷勤待客服务的核心部分之一，缺少尊重将破坏和谐的关系。客户对我们而言是十分重要的人物，我们必须尊重他们，以建立永久的良好关系，所以我们绝不能羞辱、为难、贬低或慢待客人，我们必须永远按照客户的要求和愿望行事。

3）乐于助人

总是尽力帮助客户以满足他们的各种需求，通过以下方式帮助客户：预测客人的需求，主动帮助客户，向客户提供超前的服务。在当今社会竞争环境中，从原来以产品为重点转变到以客户为重点的观念已形成。

4）温良谦恭

在为客户提供服务时要自信而不骄矜，遵循客人至上的理念，牢记“客户并不总是对的，但他永远是第一位的”，尽最大努力在可行的范围内满足客户需求。

5）彬彬有礼

礼貌是中国文化另外一个重要组成部分，它的含义是言行文明、举止大方、细致周全，礼貌能够给人创造美好而又永久的印象。

2. 造就优质服务的七点建议

1）绝不欺诈顾客

一旦你欺诈了顾客，你就不可能把他“买”回来，你得把他“赢”回来。而赢回顾客则困难得多，付出的成本也更多。

2）绝不要告诉顾客你没法完成顾客提出的服务

当顾客从你那里购买服务时，他不会认为有你无法完成的服务。当他对你现有的服务不满意时，请做下列三件事中的一件：弥补不尽如人意的地方；重新服务；退款并进行全面的服务创新。

3）绝不夸口许诺

绝不轻许你无法履行的诺言，从而建立起信誉和信任。如果你不敢肯定你是否有能力实现某个诺言，那么许诺时要留有余地。这样，如果你实现了原定的目标，那么你就将在这个顾客眼中建立起可靠的信誉。

4）永远待客如雇主

使交易适合购买者，而非服务者，要始终考虑购买者的花费。如果你不确定该如何对待顾客，那就待他如亲人。

5）永远公平地对待每一位客人

为每件商品统一定价，如果你在本月向 10 位顾客出售了同样的商品，务必使每个顾客付同样的价钱。否则你就是在欺诈某些顾客，以弥补在另一些顾客身上所受的损失。

6）永远努力使事情一次办成

你不会总是成功，但顾客最烦的莫过于为了一个问题而反复纠缠。与其多次进行服务补救而无济于事，不如一开始就把服务费退给顾客。因为纠缠的结果不仅使顾客的满意度损失，也是对你的服务热情和服务信心的伤害。

7）接受偶尔的失败

当你一心一意要让顾客满意时，你就容易受到伤害。一些顾客将会欺负你，占你的便宜。不要因此而沮丧，坚持下去，继续努力并付出代价。毫无疑问，代价不会白白付出。

3．避免七种服务恶习

1）冷漠地对待客户

在这种很坏的方式中，工作人员仿佛在说：“你算什么，我并不在意你。”工作人员无精打采，表情冷淡。

2）应付客户

这种恶习发生在想摆脱客户的时候，是由于工作人员想干别的事引起的，他想尽快把客户打发掉。

3）冷淡客户

工作人员像是戴着冷漠的面具，使服务气氛很快冷下来，冰冷的目光让人心寒。垄断企业的服务、医疗服务以及官方服务往往最易如此。而客户会因这种冷遇而迁怒于企业。

4）以居高临下的态度对待客户

傲慢地与客户交谈，说一些让客户无法理解的行话，大声喊叫，把老人、孩子晾在一边。那些被藐视过，或被屈尊俯就过的客户会记住这些，而且他们会在其他地方进行报复或宣泄。你的满意度就肯定危险了。

5）像机器人一样工作

当一名工作人员变得如此程序化、常规化，以致做每件事都采用同一种方式，日复一日，机器般地干服务工作，那过错便开始潜入到了每天对待顾客的言谈举止中了。

6）在规章簿上吊死

事情总是这样发生的，当一个企业的制度和规章更多的是为它自身的便利，而不是为客户的方便而设立时，那么一些服务工作人员因墨守成规而犯下错误的机会更多。例如，本来属举手之劳，伸手便完全可满足客户需求的事，却要费多倍的麻烦去按部就班。我们应该考虑赋予员工进行通常情况下通常做法的权利。

7）让客户跑来跑去

这是冷漠待客的另一种表现。客户由于生活、工作节奏的加快，他们将更具有对抗性，当他们成为恶劣服务的受害者时，将更有可能产生对抗或敌意。

4．纠正对顾客投诉的错误认识

实施使顾客满意服务的真正难点在于发生顾客抱怨或异议时，你的反应态度或处理方式是否妥当。如果遇到的情况你都能妥善处理，则会出现皆大欢喜的局面：顾客赢——满足了顾客的尊严感，实现了愿望；企业赢——顾客的满意度和忠诚度将得到提高，有助于实现经营目标；你赢——从中学到了宝贵的经验，服务的技能、技巧得到了进一步提升。所以我们应该和顾客成为朋友，况且，我们最好的点子有可能就来自顾客的抱怨。

为了鼓励顾客抱怨，有的公司甚至在产品的包装上印上这样的标语：“默默忍受质量低劣的产品并非一种美德。”类似的方法其实很重要，因为大多数顾客从不抱怨，他们常常是一声不吭地就选择了其他的产品或服务。

5．处理顾客抱怨四步骤

在处理顾客的抱怨和异议时，我们可以参照以下步骤。

1）检讨观念

有许多错误观念妨碍了你正确对待这一问题。如果你心中也存在这样的错误观念，你首先要将错误的观念去掉。将顾客的抱怨和异议看作是一种契机，因为顾客给你提供了改进服务的机会。

2）探究原因

顾客不会无缘无故地产生抱怨，通过耐心地与顾客沟通，你就会发现，他们产生抱怨与异议的原因和你在做顾客时产生抱怨和异议的原因是大致相同的，主要是抱怨服务中存在的不足。例如，未能达到顾客所期望的服务标准；接待顾客时不敬业、不专业；做出的承诺未能履行。

3）理性处理

明白了顾客抱怨与异议的原因，你在处理问题时就要切记：顾客的抱怨与异议是有原因的，不是毫无理由的；他们不是针对你的，你只是负责接待他们；不论顾客的情绪多么激动，多么不讲道理，你也要保持理性，冷静处理。

4）恰当行动

处理顾客的抱怨与异议，通常需要下列的具体行动：认真倾听，顾客发泄心中的怨气，正是情绪激动的时候，认真倾听可以使顾客与你产生心理上的认同感；适当的反应，顾客的发泄是需要响应的，最好能做到发自内心地道歉，使用中性的词汇，提出具体的解决办法。在提供解决办法时应尽可能给予顾客选择的余地。

在遇到不友善的顾客时，还可以给自己提出一些问题来帮助判断：能否一切按顾客要求的方式去安排？如果这样，将来是否能不再起纠纷？是否可以借鉴以前的经验帮助这位顾客，劝其接受其他安排？

6．学会为同事服务

从传统意义上说，顾客包括了过去型顾客和现在型顾客或显著型顾客和隐藏型顾客。这样的定义无疑是正确的，但在现代企业里，这种界定无疑又是片面的，从为顾客提供满意服务的角度来说，这种片面性在于忽视了与上述顾客同样重要的对象——内部顾客。也就是说，在企业内凡是经你手干的“活”交给下一道工序（或程序）的人，他或她就是你的客户，你的工作必须对他负责。你工作的质量成为他、她的工作成功的保障，你的工作就等于是在为他/她服务。而他/她的工作也是在为下一工序的同事服务。

在谈到提供顾客满意的服务时，你可能首先想到的是那些直接面对顾客的员工，如商场售货员、银行柜台出纳、餐厅服务员等，而那些不经常和顾客直接接触的员工则常常把顾客满意服务视为与己无关的事或关系不大的事。但是我们应该认识到，那些不经常和顾客直接接触的员工所从事的工作正是在为一线的员工服务，他们提供给一线员工的服务正是一线员工为顾客提供服务的基础。有了他们提供的服务，一线员工才能信心十足地为顾客提供满意的服务。

任务实施

提供满意的服务

操作程序与规则：

1. 活动介绍。教师简要介绍活动安排：“接下来，我们要进行的活动叫服务情境讨论，即给大家一些服务情境，要求我们针对这些不同的服务情境，展开讨论，想一想如果是我们该怎么去做，怎样更好地改进服务行为。下面请大家先来看一看都有哪些情境。”发放服务情境菜单（见附表 1）。

2. 分级。将学生分成若干组，每组 5～8 人。

3. 情境讨论。要求学生依照给定情绪，讨论处在这些情境中，自己应该怎么做，不应该怎么做？并做好记录。每组发讨论记录表一份（见附表 2）。记录表讨论后上交。

4. 报告讨论结果。各组依次报告讨论的结果，选择一位同学将结果写在黑板的相应位置。小组报告完毕后，可以让个别同学自愿发言补充。

5. 教师分析，总结。教师分析总结主要围绕如何创造顾客最大的满意度这个主题进行，具体可从4方面加以引导：（1）服务的意识；（2）服务的行为；（3）服务的标准；（4）改进服务。教师要事先阅读这几个方面的相关资料，做好充分准备。

6. 教师根据各组讨论表记录内容，提出建议，并反馈给学生。

附表1　服务情境设定清单

名称	情境设定
情境1：接待顾客	当顾客来到前台，作为接待员，你应该说、做些什么？你应该避免说、做些什么？
情境2：电梯相遇	你是一名公司职员，同顾客一同等电梯时，门开了，你应该说、做些什么？你应该避免说、做些什么？
情境3：阻止吸烟	顾客在禁烟区吸烟，作为服务员，你应该说、做些什么？你应该避免说、做些什么？
情境4：电话接待	顾客给总机打电话想同一位长期失去联系的朋友联系上，她既无朋友的电话号码又无地址，作为电话员，你应该说、做些什么？你应该避免说、做些什么？
情境5：路遇少妇	在电梯里碰见顾客，你看到她手里拿着物品，还抱着孩子。作为服务员，你应该说、做些什么？你应该避免说、做些什么？

附表2　讨论记录表

情境名称：		组别及成员：	
应该说的话	应该做的事	避免说的话	避免做的事

附表 2（续）

教师建议：

任务三　团队合作，有容乃大

学习目标

◈ 了解认识团队与协作的内涵
◈ 了解团队凝聚力量的内涵
◈ 学习融入团队，实现自我

案例引导

汪强是某职业学校的学生，他最大的嗜好是玩网络游戏，经常旷课。有一次晚自习，班级辅导教师在班上没有看见汪强同学，就到汪强同学的“老地点”——网吧，找到了他。

“汪强，你这么晚了还不回学校上晚自习，干什么呢？”

“老师，我在玩这个游戏呢！在这里杀怪物。都怪这些怪物，它们会掉落一件很好的装备哦！我杀了三天了，它们总不掉，所以……”

“汪强，你为什么不爱上课呢？这个游戏有什么意思？”

“老师，我在这个游戏里最厉害了！我的级别最高，他们（其他游戏玩家）都没我厉害!”

“汪强，为什么你不爱和同学们在一起呢？大家都说你不爱理人。”

“老师，我为什么要理他们？他们有什么了不起的，我在这游戏里比谁都强大，我是无敌手。”

“汪强，假如你用这么多时间在现实生活中专心做点实事的话，得到的肯定比这个多。如果你在职业学校一无所获，你能靠‘我在某某游戏里很厉害’来获得一份工作吗？你做任何事情都能最厉害吗？什么事都能一个人做吗？你会做衣服吗？你会种地吗？你会理发吗？”

汪强沉默了……

两年后，汪强同学参加了学校的集体上岗训练和面试求职，他在700名学生中的成绩排在第679位……他对自己的辅导教师说：“老师，我不行。”辅导教师对他说：“也许你能行呢？”

汪强同学在辅导教师的推荐下进入了某企业进行顶岗实习。工作一个月后，他给辅导教师打电话说：“我想辞职，大家都不爱搭理我，我做什么都做不好。我想我不适合做这个。”辅导教师说：“你试着主动和别人交流，别把自己放在团队之外，因为你需要这个团队。”

又过了一年，汪强回到学校办理毕业就职手续，特地找到了那位辅导教师：“老师，我的单位（实习企业）是世界500强呢！我们企业里工作都井井有条，在大家的配合下我工作很顺利！谢谢您!”那位辅导教师说：“你现在也是世界500强。因为你在这个强大的团队中。恭喜你!”

一、认识团队与协作

名人名言

人心齐，泰山移。

——中国谚语

（一）什么是团队精神

人类社会是人与人之间协作的产物。在漫长的地球演变过程中，人类之所以能够超越其他强大的动物成为地球的主人，是因为人类具有智慧。人类最大的智慧是什么？是团队协作。正是这种智慧，使人类最终成为地球生命的主宰。

所谓团队精神，简单来说就是大局意识、协作精神和服务精神的集中体现。团队精神的基础是尊重个人的兴趣和成就。团队精神的核心是协同合作，其最高境界是全体成员的向心力、凝聚力，反映的是个体利益和整体利益的统一，并进而保证组织的高效率运转。

团队精神的形成并不要求团队成员牺牲自我，相反，张扬个性、表现特长保证了成员能共同完成任务目标，而明确的协作意愿和协作力式则产生了真正的向心力。企业的发展必须合理安排人职配置，而调动人的积极性和创造性是资源配置的核心，团队精神就是将人的智慧、力量、经验等资源进行合理的调动，使之产生最大的规模效益，产生 1+1＞2 的效能。

那么，我们为什么需求团队精神？我们将来进入企业工作后，团队协作将以怎样的形式出现？

没有人能够独自胜任所有的工作，即使是古往今来的“天才”，也需要团队协作与团队精神。这就是社会中人与人之间形成分工的原因。

每个人都需要融入各自的团队，来创造我们的生活，实现自己的理想，建设和谐的社会。而团队精神是我们融入团队的前提。作为即将进入企业的准职业者，我们有必要理解一下企业团队精神的要点。

1. 团队的精髓是共同承诺

团队的精髓是共同承诺。共同承诺就是共同承担团队的责任。没有这一承诺，团队如同一盘散沙；做出这一承诺，团队就会齐心协力，每个人都作出自己的努力和奉献，从而使团队成为一个强有力的集体，使团队的效能最大化。

很多人经常把团队和工作团体混为一谈，其实两者之间存在本质上的区别。优秀的工作团体与团队一样，具有能够一起分享信息、观点和创意，共同决策以帮助每个成员能够更好地工作，同时强化个人工作标准的特点。但工作团体主要是把工作目标分解到个人，其本质上是注重个人的目标和责任。也就是说，工作团体的目标只是个人目标的总和，其成员不会为超出自义务范围的结果负责，也不会去尝试那种因为多名成员共同工作而带来的增值效应。

2．团队精神要求工作的目标明确

每个团队的成员都必然信奉同一个目标，否则共同奉献将是空中楼阁，无法实现。共同的目标，才能使团队中的每一个成员各司其职、获得明确的工作方向。工同的目标，也是考核团队价值的核心标准。如果一个团队不能确定一个明确、具体的工作目标，或者具体工作目标和整体目标毫无关系，那么整个团队成员会因此变得困惑、涣散、表现平庸。

3．团队精神表现为很强的凝聚力

团队有着明确的分工和紧密的协作，每个团队的成员都必然将团队的工作目标放在首位，将现阶段的个人方向与目标配合团队发展，把团队的荣誉作为个人的荣誉。因此，团队将比传统的线性层级结构更能将员工团结在企业周围。

（二）团队协作与企业发展

在现代企业尤其是技术企业中，往往是流水线生产作业。一条流水线上每个员工需各司其职。一件产品正是经由每个员工的每一道工序最后成为成品。如果某一员工所负责的步骤出现了问题，那么整个流水线就会因为这个“坏点”而瘫痪。而这个流水线，就是企业中最基本的团队。如果你成为“坏点”，就表示你不能融入这个基本的团队，你就缺乏团队协作能力，必然会被迫离开。所以在企业中，团队协作能力包含了胜任工作的能力和与他人配合的能力。

在高效率和高产出的企业中，团队将成为主要的工作单位。但是并不意味着团队将取代个人努力或是正规的企业层级结构和体系。相反，团队将优化现有的企业结构。在层级结构限制了个人发挥最佳功效的时候，团队将为企业提供良好的解决办法。因此，团队的构成将以企业原有的组织结构为核心，依照原有的组织结构推进工作。

每个团队都需要对其成员进行明确的分工，在完成具体工作目标的过程中，需要多种专业人才的相互配合和协作。比如，建立医生诊断的计算机辅助系统，需要计算机的专业人才，并需要在医生的协助下才能完成。

在许多企业的招聘说明中，都会强调应聘人需要具备团队协作的精神。团队的建设已经成为一个企业在建立、发展过程中必然选择的一种组织模式。

团队协作能力测试

训练目的：

测试学生团队协作能力，组织学生考察自己在团队活动中所起到的作用。

训练组织：

将学生分组进行为期一周的专业实训，根据实训过程中的表现做自我测评。

以下测验能帮助你检查自己是否具有团队技巧。以下每一项都陈述了一种团队行为，根据自己表现这种行为的频率打分：总是这样（5 分），经常这样（4 分），有时这样（3 分），很少这样（2 分），从不这样（1 分）。以下 1～6 题为一组，7～12 题为一组，将两组的得分相加进行对照。

作为一名小组成员：

1）我从其他小组成员那里征求事实、信息、观点、意见和感受以帮助小组讨论。（寻求信息和观点者）

2）我提供事实和表达自己的观点、意见、感受和信息以帮助小组讨论。（提供信息和观点者）

3）我提出小组后面的工作计划，并提醒大家注意需完成的任务，以此把握小组的方向。我向不同的小组成员分配不同的责任。（方向和角色定义者）

4）我集中小组成员所提出的相关观点或建议，并总结、复述小组所讨论的主要论点。（总结者）

5）我带给小组活力，鼓励小组成员努力工作以完成我们的目标。（鼓舞者）

6）我要求他人对小组的讨论内容进行总结，以确保他们理解小组决策，并了解小组正在讨论的材料。（理解情况检查者）

7）我热情鼓励所有小组成员参与，愿意听取他们的观点，让他们知道我

珍视他们对群体的贡献。（参与鼓励者）

8）我利用良好的沟通技巧帮助小组成员交流，以保证每个小组成员明白他人的发言。（促进交流者）

9）我会讲笑话，并会建议以有趣的方式工作，借以减轻小组中的紧张感，并增加大家一同工作的乐趣。（释放压力者）

10）我向其他成员表达支持、接受和喜爱，当其他成员在小组中表现出建设性行为时，我给予适当的赞扬。（支持者与表扬者）

11）我促成有分歧的小组成员进行公开讨论，以协调思想、增进小组凝聚力。当成员们似乎不能直接解决冲突时，我会进行调停。（人际问题解决者）

12）我观察小组的工作方式，利用我的观察去帮助大家讨论小组如何更好地工作。（进程观察者）

训练考核：

以上1～6题为一组，7～12题为一组，将两组的得分分别相加，对照下列解释可大致判断个人在团队中所扮演的角色：

（0～6，0～6）只为完成工作付出了最小的努力，与其他小组成员十分疏远，在小组中不活跃，对其他人几乎没有任何影响。

（0～6，18～30）你十分强调与小组保持良好关系，为其他成员着想，帮助创造舒适、友好的工作气氛，但很少关注如何完成任务。

（18～30，0～6）你着重于完成工作，却忽略了维护关系。

（18～30，18～30）你努力协调团队的任务与维护要求，终于达到了平衡。你应继续努力，创造性地结合任务与维护行为，以促成最优生产力。

二、团队凝聚力量

名人名言

一燕不成夏，一木不成林。

——泰维纳

（一）团队让我们团结奋斗

俗话说：单丝不成线，独木不成林；一块块砖只有堆砌在一起才能盖起高楼大厦；一滴滴水只有融入大海才能获得永存。同样，一个人，也只有融入到集体的事业中才能实现人生的价值。

生活实例

2005年春节联欢晚会中的经典节目《千手观音》，是21名来自无声世界的聋哑人在集体荣誉的感召下，团结一致、乐观自信，用整齐划一的舞蹈表达着心灵的语言，静穆纯净的眼神，娴静端庄的气质，婀娜柔媚的动作，金碧辉煌的色彩，脱俗超凡的乐曲……美得令人神往、令人陶醉。梦与手、爱与心、光与影绽放出博爱四射的神圣之美。那一刻，人们震撼了，人们沸腾了，全场爆发出热烈的掌声。

这个事例充分说明，团队的成功是建立在团结互助的基础之上的。一个优秀的团队不仅需要能力强、素质高的优秀个体，更需要心往一处想、劲往一处使的互助集体。

一滴水，很容易被蒸发，然而当它们汇聚成一条大河、一片汪洋时，就能爆发出“气蒸汉江泽，波撼郧阳城”的冲天威力。个人的追求离不开团队，个人的发展离不开团队，树立与团队风雨同舟的信念，才能和团队一起得到真正的发展。

生活实例

在实习车间里，指导老师正在教导学生进行机械组装，要求学生们将零件组装起来成为可以操作的机械。学生们分成数个小组在进行工作。过了一会，速度最快的小组向老师报告了一个问题：“老师，零件里多出了一个轴承。”“不会，没有多的零件，必须把所有零件都组装起来!”老师回答。

不久，其他小组也发现零件里多出了那个“没用的”轴承。但是鉴于前面老师的回答，没有再向老师提出问题。

终于，所有的小组都完成了任务，将所有的零件都组装起来。老师微笑着开始测试学生的成果。然而，尴尬的事情发生了，所有的成品都无法运转。老师让学生检查出了什么问题。结果是一致的：“多了那个没用的轴承。”

老师没有说什么，继续指导学生进行另一组机械零件组装。

学生们又发现了问题：“老师，零件里少了一个最关键的轴承，就是刚才那个。”

老师看着茫然的学生，微笑地问道：“你们明白了什么？”

（二）团队合作是个人的成功之道

团队合作是成功之道。团队存在的目的就是凝聚力量。没有最强的个人，只有最强的团队。现今社会的竞争主要分为两种，一种是团队与团队之间的竞争，另一种是个人与个人之间竞争。

我们作为准职业人，最现实的目标是获得一份理想的工作。那么，我们来看下面的一个统计。

武汉市某职业学校是武汉市著名的工科职业技术学校，其培养的学生主要面向现代化科技企业。在对 2013 届顶岗实习学生的调查中，有这样一个问题：“你最想去什么样的企业？”答案几乎都是世界 500 强的优秀企业。他们的答案其实只有一个：我需要加入一个优秀的团队，优秀的团队具有更强大的竞争实力，和这样的团队一起发展我将获得可靠的力量。

团队具有一个重要的特征，即互补性。成员间的优势互补正是团队凝聚力量的奥秘所在。孟尝君是我国历史上著名的“战国四公子之一”，他经常能解决很棘手的问题。孟尝君有个四人“协作小组”，小组成员分别是：A 善于思考，做事犹豫；B 善于做出正确的判断，但不善于行动；C 善于收集情报和意见；D 善于行动，不善于思考。

大家看到这里一定发现了孟尝君的智慧来源与善于解决问题的秘密：当孟

尝君遇到问题的时候，他首先将问题交给 C 去收集和打听关于这个问题的情报；再把收集到的情报交给 A 去思考怎么办；再由 B 从 A 所想到的解决办法中选取最恰当的一个；最后交给 D 去完成；孟尝君则来体现和承担问题的结果。

这正是团队凝聚力量的方式。我们把这种团队凝聚力量的方式转化到和我们对应的企业模式中就成为：懂技术的普通人才负责一线生产；高级技术人才负责产品的研发；具有观察力的人才负责收集市场情报；销售人才将产品转化为实际的利润；企业领导对各个部门的结果做出判断和承担最终责任。可见，团队自身优劣与市场适应能力，就是团队的力量体现。

（三）创立优秀的团队

1．团队创建

一个企业开始面临的是团队的组建问题，而这支团队组建后的发展方向很大程度上取决于团队的成员。优秀的团队成员必须具备热爱本职工作、责任心强等多种素质。

（1）热爱本职工作

本职工作的强度及专业性，决定了我们必须不断去挑战自己，不断地充实自己。一名员工对行业的热情，决定了他的忠诚度及可塑性。如果员工不热爱这个行业，那他就很难融入

（2）责任心强

工作的最终目的是为了取得客户对我们的认可，那就需要我们对企业、对客户有较强的责任心。如果一名企业员工不具备这样的品质，他就不适合进入这样一个团队。

2．团队的打造

（1）一个核心

常常听到这样一句话：团队的领导太多，不知道听谁的。这是团队作业的大忌。一个团队只可以有一个核心，一个领导，一个决策人。否则将会带来重复的劳动和低质量的成果，造成人力、物力的浪费。

（2）同甘共苦

作为团队的榜样，领导的一言一行对于团队的发展都至关重要。因为，好的

榜样可以更好地增强这个团队的凝聚力，更好地让这个团队的效能发挥到极致。

把团队中的所有成员有效地组织起来，使大家团结在一起，同甘共苦，才能激发出整个团队的潜能，发挥出团队的无穷力量，这样的企业必将获得成功。

最佳拍档

训练目的：

1）了解团队协作的重要性；

2）增强团队成员的归属感；

3）激发团队成员的奋斗精神。

训练组织：

按以下游戏规则组织活动。

1）将学生分成几个小组，每组在 5 人以上为佳；

2）每组先派出两名学生，背靠背坐在地上；

3）两人双臂相互交叉，合力使双方一同站起；

4）依此类推，每组每次增加一人，如果尝试失败需再来一次，直到成功才可再加一人；

5）教师在旁边观看，选出最终成功站起人数最多且用时最少的组为优胜组。

相关讨论：

1）你能仅靠一个人的力量完成起立的动作吗？

2）如果参加游戏的成员能够保持动作协调一致，这个任务是不是更容易完成？为什么？

3）是否想过找到一些办法来保证队员之间动作协调一致？

训练考核：

1）这个游戏很简单，但是依靠一个人或几个人分散的力量是不可能完成的。因为在这个游戏中，大家组成了一个整体，需要全力配合才可能达到目标。它可以帮助学生体会团队相互激励的含义，帮助他们培养团队精神。

2）另外，这个游戏还考验每个小组的领导者，看他是如何指挥和调动组员的。因为这个游戏需要大家通力合作，如果步调不一致，大家的力气再大也不可能顺利完成。这种情况下，作为小组的领导者，应该想一些办法来解决这个问题。比如，可以让大家统一跟随他的动作；更有效的是想出一个口号，既可以鼓舞士气，又能统一大家的节奏。

3）无论组员还是领导者都应该明白，任何一个人的不配合都会对小组的行动产生负面效果。因此，教师应注意，在游戏结束后要帮助完成效果不佳的小组找出原因，帮助他们树立团队意识，引导他们总结自己的失误。这对组员的素质提高有很大帮助。

三、融入团队，实现自我

名人名言

若不团结，任何力量都是弱小的。

——拉·封丹

Jean de La Fontaine

（一）培养团队精神

首先，我们要理解一个原则与底线：团队利益的实现就是这个团队中每个成员利益的实现。那么，团队就是个人实现自我人生目标的必然。每个人都怀有自己的人生理想，而融入团队就成为实现自我理想的前提。

但是，我们加入了某个团队并不等于我们融入了这个团队。有很多职业院校学生遇到了这样的情况：他们进入了一家优秀的企业，然而，过不了多久便纷纷离开。他们离开的原因有“老板太小气”“别人不理我”“我不知道该做什么，没人教我做什么具体的事情”“我被炒鱿鱼”“这个企业的工作好辛苦”“大家不认可我的才能”等。然后就是苦苦地待业和找工作，甚至游手好闲多年。

那么，是这些优秀的企业存在着问题吗？当然不是。其实，他们离开的原因只有一个：没有融入他们所在的团队。融入团队，就是我们面向社会、顶岗就业的前提与必修课。

有一个能力很强的员工在面对客户的谈判时表现突出，为公司创造了良好的效益，受到了经理的高度赞扬。这次谈判使他更加认识了自己的价值，经理的赞赏使他觉得自己非同一般。在日常工作中，他开始不和其他同事交往、沟通，一副自高自大、目中无人的样子，在公司里独来独往。

这位员工的态度使得同事们渐渐疏离了他，都不愿意与他合作。于是，他成了被孤立的人，在许多事情上陷入了极其尴尬的境地。在一次业务办理中，由于他判断失误给公司造成了不小的损失。同事的讥笑、经理的恼怒，使他无法再继续待下去，只得很不体面地自行辞职离开了公司。

聪明的人融入团队，孤傲的人被团队抛弃。荣誉是优秀的象征，当你取得成绩、拥有荣誉时，更应该戒骄戒躁。保持清醒的头脑才能与同事相互支持、帮助，以巩固已得到的一切，因为人不可能孤立地存在于任何地方。

在团队中，还应注意培养与同事之间的感情，多与同事分享对工作的看法，多听取和接受他人的意见，与每一位同事都保持友好的关系。在团队中，如果自己被孤立起来，那将是件很危险的事。

有许多人自命清高，认为别人对自己没有一点帮助。其实，每个人都有需要他人和被他人需要的时候。一个团队的成员不应该只注意个人取得辉煌业绩，而是要看到其背后的团队支持和团队中其他成员的辛勤付出。融入是一种双方的相互认可、相互接纳，并形成行为方式上的互补性和协调一致。自制力强、感悟力好的人，融入得自然和谐、顺乎情理，被群体接受的程度高，因此会获得更多的发展条件和机遇。

生活实例

小叶是一名优秀的大毕业生。在学校里，她因为出色的表现曾经获得过多次荣誉。在以优异的成绩走向企业的时候，小叶显得特别骄傲和自豪。小叶工作的第一个企业是国际著名企业。在一线流水生产线上，小叶展示了她出色的能力。她觉得，自己比起其他员工要出色得多。于是，骄傲与自满的小叶将其他同事都看得很低，渐渐地，她发现了一些问题：她工作越来越累，大家都不配合她的工作。

小叶的性格令她在企业里逐渐孤立，不久，小叶无法在企业待下去了。因为，没有大家的配合，她就连自己的本职工作都无法胜任。小叶失业了，这对于自尊心极强的小叶无疑是个沉重的打击。在经历了一段难堪的待业时光之后，小叶回到学校，向母校求助。鉴于小叶在学校优异的表现，学校将小叶留了下来，成为一名班级辅导员。

小叶在经历过前面的教训之后，开始变得谦虚随和，在做好自己本职工作的同时，她开始主动与同事沟通，和大家集体来面对和解决工作上的问题。渐渐地，即使小叶在工作中碰到了难以解决的问题，也有同事挺身而出来帮助她。

小叶的工作表现越来越优秀。在工作之余，小叶也开始深造自己的计划，报读了大学自修，并且在不久之后考取了教师资格证。小叶第一次上课的地点竟然是自己曾经在那里学习过的教室！只是，昨天，她是这里的一名学生，今天，她是一名站在讲台上的教师。

个人如果感到很难融入团队，可能是自身存在一些问题。这时不妨从自己身上找出原因，并马上改正过来。在一些企业中，总是存在抱怨自己怀才不遇、感慨工作环境不好，最终无法融入团队而频繁跳槽的人，这些人没有几个能取得事业的成功。他们失败的原因就是没有找到自己与工作不合拍的根本原因，也就没有从根源上想办法去解决它。

在一个团队中，每个成员的优缺点都不尽相同，我们应该积极寻找团队成员中好的品质，并且学习它，让自己的缺点和消极品质在团队合作中被消灭。我们应该时常检查一下自己的缺点。比如，自己是不是对人还是那么冷漠？自己是不是依然那么言辞锋利？这些缺点在单兵作战时可能被人忍受，但在团队合作中会成为自身进步成长的障碍。如果意识到了自己的缺点，就要注意改正。

（二）培养合作技能

融入团队，我们必须培养以下几个技能。

1．服从

服从团队需要是融入团队的基础。这里对于服从的理解，不是“听话”那么简单，而是要主动遵从团队的需求。

2．与团队共目标

团队目标如果与个人的目标一致，有吸引力、号召力，这时团队成员就愿意合作完成任务，凝聚力会增强；反之，如果个人目标与团队目标不关联，这时团队合作就会减少，感情趋于冷淡，凝聚力也将降低。

3．凝聚力

凝聚力是对团队和成员之间的关系而言的，表现为团队成员强烈的归属感和一体性：每个团队成员都能强烈感受到自己是团队当中的一分子，把个人工作和团队目标联系在一起，对团队表现出一种忠诚，对团队的业绩表现出一种荣誉感，对团队的成功表现出一种骄傲，对团队的困境表现出一种忧虑。

4．懂得分享与沟通

要想获得别人的认可，首先应认可别人。而分享与沟通是体现自我和使团队成员了解自己、认可自己的重要方式。

（三）融入团队的益处

融入团队，并不是牺牲自我，相反，它是实现自我的唯一方式。成为团队中的一分子很多益处。

1．有助于解决问题

我们常听到两个广泛而有意义的名词，是指个人与团队融为一体的最高境界。其一是综效，是指用团体的群策群力解决问题的能力及效果；其二是相乘效果，如“1+1＞2”或“三个臭皮匠，胜过诸葛亮”的说法。个人的能力终究有限，因此切勿自以为是、唯我独尊。

2．安全感

职业生涯初期属于探索阶段，需要在探索中学习经验、知识与技能，而团队能为你提供学习机会、犯错的包容以及发展空间。直到职业生涯中期以后，你认为有足够经验、能力与资源时，才可能自立门户或自行创业。

哲学故事

很久很久以前，走兽和飞禽有过一场激烈的战斗。蝙蝠两方面都不参加，老待着看哪边取得胜利。起先，飞禽战胜了走兽，蝙蝠就加入飞禽一边，跟它们一起飞，表示自己是飞禽；后来，走兽开始占优势的时候，蝙蝠就投到走兽那一边去了。它把自己的牙齿、爪子和奶头给它们看，证明自己是走兽，同时保证自己热爱同类。最后，飞禽终于得胜了，蝙蝠又投到飞禽那边，可是这回飞禽把它撵走了。

蝙蝠想再加入到走兽这边来，已经不可能了。从此它两方面都不能参加，只好待在地窖里，或者待在洞穴中，黄昏的时候才敢出来到处飞。

3．满足心理需求

在团队中可以得到归属感、亲和性、自尊心以及自我实现等心理需求。归属感及亲和性，是由于工作场所已形成一个小型的社交、联谊网络，当你受到挫折时，会有人安慰你，甚至为你打抱不平；当你得到奖赏时，会有很多人恭喜你、祝福你。

4．完成个人无法实现的任务

一滴水要想不干涸，最好的办法就是把它放入大海；再小的个体只要团结起来，也是一股强大的力量。团队合作的意义不仅在于“人多好办事”，更重要的是它能完成个人无法实现的任务、获得个人无法取得的成就。

任务实施

团队游戏：泰坦尼克号

训练目的：

一个人在紧急情况下才能更好地发挥其潜在的创造力和主观能动性。下面的游戏将帮助学生练习在遇到困难时，如何作计划、如何合作以及如何有效地利用有限资源。

训练组织：

1）故事导入：泰坦尼克号即将沉没，船上的乘客（学员〕须在“泰坦尼克号”的音乐结束之前利用仅有的求生工具——7 块浮砖，逃离到一个小岛上。

2）布置游戏场景：将 25 米长的绳子在空地一侧摆成一个岛屿形状，在另一侧，摆 4 条长凳作为船舷栏杆，在长凳（船舷栏杆）和长绳（岛屿）之间摆放 7 块砖头（浮砖），作为从船上逃到岛屿的通道。

3）给学生 5 分钟时间讨论和试验。

4）出发时，每一个人必须从长凳的背上跨过（就如同从船上的船舷栏杆上跨过），踏上浮砖。在逃离过程中，船员身体的任何部分都不能与“海面”——地面接触。

5）自离开“泰坦尼克号”起，在整个逃离过程中，每块浮砖都要被踩住，否则教师会将闲置的浮砖移除。

6）全部人到达小岛之后，并且所有浮砖被拿到小岛上，游戏才算完成。

训练考核：

1）如何应付突如其来的紧急情况，会反映出学生头脑的清醒程度和应变能力。

2）观察学生的表现，测试学生的组织能力。

任务四　改变思维，勇于创新

学习目标

◈ 了解创新的内涵
◈ 了解创新的意义
◈ 了解校园创新的现状
◈ 学习提升自己的创新能力

案例引导

犹太人说，这世界上卖豆子的人应该是最快乐的，因为他们永远不必担心豆子卖不出去。卖豆人在豆子卖不出去的时候，可以拿回家，磨成豆浆，向行人兜售，如果豆浆卖不成功，可以制成豆腐，豆腐卖不成功，变硬了，姑且当成豆腐干来卖。而豆腐干卖不出去的话，那么就把豆腐干腌起来，变成腐乳。第二种选择是，如果卖豆人把卖不出去的豆子拿回家，加入水让它发芽，那么更加妙极。几天后，卖豆人可以改卖豆芽，豆芽如果卖不动，那么干脆让它长大些，卖豆苗。而豆苗如果卖不动，再让它长大些，移植到花盆里，当做盆景来卖。如果盆景卖不出去，那么就再次移植到泥土里，让它生长，几个月后，它结了许多新豆子。你可以想象一下，那是多么划算的一件事，一颗豆子变成了上百颗豆子。人生在世，不如意之事十之八九，有些人的际遇如同那位卖豆人手中的豆子，什么奇迹都会发生。一颗豆子在遭遇冷落的时候，都有无数种精彩选择，那么一个人呢，至少应该比一颗豆子坚强吧。

一、创新改变世界

创新是一个民族进步的灵魂，是国家兴旺发达的不竭动力。社会的进步需要创新，不具备创新能力的人必将被社会淘汰。正如一位哲学家所言：想象力比知识更重要。的确，丰富的想象力能使我们从芸芸众生中脱颖而出成为赢家，使我们的人生绽放光彩。

（一）创新改变自我

生活实例

在英国有个16岁的男孩，暑假的时候，他对父亲说他想找一份工作。而当时，很多成年人都找不到工作，一个16岁的孩子能行吗？他父亲对他的想法并不抱太大的希望。但男孩却笑着说："有些人总是可以找到工作的。"

"哪些人？"父亲带着怀疑问。

"那些会动脑筋的人。"男孩回答。

男孩在广告栏上仔细寻找，找到了一个很适合他专长的工作。他按照广告上的要求，准备第二天去面试。广告上说面试8点开始，男孩想早点去好排在靠前的位置。结果，到面试地点后，发现已有20个人排在那里，他只是队伍中的第21名。

怎样才能引起注意而竞争成功呢？男孩就开始动脑筋了。他想出了一个办法：拿出一张纸，在上面写了一些东西，然后折得整整齐齐，走向秘书小姐，恭敬地对她说："小姐，请您马上把这张纸条转交给你的老板，这非常重要。"

秘书本想拒绝，但她被男孩的自信和诚恳打动了，于是她收下纸条，起身走进老板的办公室，把纸条放在老板的桌上。

老板疑惑地打开纸条看后却大笑起来，因为纸条上写着："先生，我排在队伍中的第21位，在你没看到我之前，请不要做决定。"这个男孩最终得到了这份工作。

机会是留给会创新的人，只有创新才能把握机会。故事中的男孩，其思维有别于常规或常人的思路，使自己在众多求职者中脱颖而出，最终得到了理想的工作。男孩的这种出奇制胜的思维模式就是一种创新思维。

现代美国著名企业家艾柯卡说过：“不创新，就死亡。”的确，创新对一个人的发展起了很大的效果，只有学会创新，才能使自己永久地处于不败之地。

生活实例

从前有两个人，一个酷爱模仿名人书法，而另一个人则要求遵循自己的风格去练习，最终，另一个人成为一名著名的书法家，而那个墨守成规的人仍默默无闻。由此可见，敢于创新，才能有所作为。而齐白石先生所说过的话正是这个故事的写照：“似我者死，学我者死。”走不出前人的框架，自己就不会有自己的天地。

还有一个故事讲述的是一个叫亚莫尔的人与同伙去淘金，由于遍地都是淘金的人。不但金子难淘，就连大家的生活都越来越艰难。因为当地气候很干燥，水源十分地缺少，而淘金还是一个体力活儿，所以不少的淘金者不但没有圆淘金的美梦，相反却葬身此处。于是，亚莫尔决定转变思路，改为卖水，由于那水资源稀缺，水卖到与金子一样的价格。结果几个月后，大多数的淘金者是空手而归；而亚莫尔在很短的时间卖水挣了 6 000 美元，这在当时是相当可观的。

这两个事例告诉我们创新的重要性。所以，我们职业院校学生应该行动起来，学会创新，提倡创新，不断改善自我，使自己永久性地处于不败之地，为自己的人生添上一笔绚丽的色彩。

（二）创新带来进步

社会要进步、要发展，要有一股推其不断向上的动力。这个动力就是创新。著名经济学家厉以宁曾用下面这个诙谐的故事“趣解”创新，或可让我们有所启发。

生活实例

有三个庙，离河边都比较远。怎么解决吃水问题呢？

第一个庙，和尚挑水山高路长，一天挑一缸就累了。怎么办？于是三个和尚开动脑筋，集思广益，找出了一个接力挑水的办法，第一个和尚从河边挑到半路停下来休息，第二个和尚继续挑，又转给第三个和尚挑到缸里。然后空桶回来再接着挑，大家劳逸结合，都不觉得累，水很快就挑满了。这叫“机制创新”。

第二个庙，老和尚把三个徒弟叫来，说我们立个新庙规，引进竞争机制。你们三个都去挑水，谁挑得多，晚上吃饭加一道菜，挑得少，没菜吃。三个和尚拼命去挑，一会儿水就挑满了。这叫“管理创新”。

第三个庙，三个小和尚又聊开了：天天挑水太累，咱们想想别的办法吧。山上有竹子，竹子中心是空的，咱们把竹子砍下来连在一起，然后买了一个辘轳，第一个和尚在山下把水摇上去，第二个和尚在山上专管倒水，第三个和尚先休息。三个人轮流换班，一会儿水就灌满了。这叫“技术创新”。

困扰千年的“三个和尚没水喝”的难题，通过创新得到了根本解决，可见创新能力无论对于个人还是一个民族都有着极其重要的意义。如果这个世界没有创新能力，便不会有今日的现代文明，人类可能还同猩猩一样过着钻木取火的原始生活。如果一个人不具备创新能力，那就是庸才；如果一个民族没有了创新人才，便只能是一个落后的民族。所以说，创新是一个民族进步的灵魂。

中华民族曾在很长的时间里引领世界科技文化的潮流。但后来由于罢黜百家，独尊儒术，加之明清以来长期的闭关锁国的政策，在很大程度上扼杀了中华民族创新的精神，导致近现代中国在面临外敌入侵的时候只能被动挨打，陷入丧权辱国的地步。

从 20 世纪迈向 21 世纪的中国之所以能够迅速发展，是因为创新起了重要作用。例如，国防实力的提升、教育水平的提高、科研成果的不断问世、航天事业的快速发展……无一不以创新作为它们的中间力量。因为只有创新，才能

打破传统的思维；只有创新，才可以不断取得进步；只有创新，才能走在世界的前列。

无数实例证明，创新才能进步，守旧意味衰亡。而创新的核心在于激发人的创造力。中国正处在发展的紧要关头，比任何时候都重视创新的力量，为提高中华民族的创新力，我国政府鼓励和推动创新，并明确提出实施创新驱动发展战略。

知识链接

2015 年 5 月 4 日，在五四青年节到来之际，李克强总理为勉励清华学子创新创业，提出“大众创业、万众创新”的观点，认为其核心在于激发人的创造力，尤其在于激发青年的创造力。青年愿创业，社会才生机盎然；青年争创新，国家就朝气蓬勃。而职业院校学生作为青年的典型代表在知识经济扑面而来的 21 世纪，越来越成为国家富强、民族振兴、人民幸福的重要力量，但当前我国教育水平虽然已经有了相当大程度的发展，却依然远远赶不上发达国家的水平，最为显著的差异表现在创新人才方面。因此，加强创新人才的培养意义重大。

创新是我们的责任，也是推动自身发展和社会进步的动力所在。职业院校学生正处于培养创新思维的黄金期，因此，应该发展自己的才能和创造性潜力，使自己的人生不再平庸，为社会的发展贡献自己的绵薄之力。

二、创新从这里开始

（一）校园创新，动力不足

创新已成为时代发展的主题，但是由于我国职业院校学生创新能力的培养起步较晚，又由于一些传统观念的束缚，职业院校学生的创新思维现状却不容乐观。主要存在以下问题。

1. 缺乏学习热情

在校园里，有的学生仅凭兴趣来决定自己的学习内容，对知识的积累存在一定的随意性和盲目性，导致知识储备偏颇，无法建立起完善、系统的知识体系。因此，在学习或创新中很容易遭遇挫折而丧失学习热情和信心。

有的学生面对和中学学习迥然不同的学习情况，缺乏学习主动性，相当长的时间内没能适应职业院校学习的基本方法和规律，学习热情逐渐冷却。

有的职业院校学生学习目的不明确，只图一张毕业文凭和一份悠闲的工作，对能否胜任将来的工作抱着“车到山前必有路”的消极态度，也就根本没有学习热情。此外，还有的职业院校学生对学校的学习环境、规章制度、就业前景等存在消极不满的抵触情绪，直接表现为缺乏学习热情，消极厌学。职业院校学生种种缺乏学习热情的因素都将在不同程度上对其创新能力的培养造成负面影响。

2. 形成思维定势

实践证明，创新活动并不都是一帆风顺的。特别是当遇到一些暂时无法解决的关键性问题时，容易反复受挫。在创新的瓶颈时期，不仅需要人们开动脑筋，艰苦探索、百折不挠，更需要扩展思维、另辟蹊径，灵活、迂回地争取新的突破。

职业院校学生由于接受了长期的应试教育，习惯了传统的思维方式和被动地接受，缺乏主动思考和质疑。思考问题常常是为了寻找关于某个具体的知识点的正确答案，缺少新意；一旦找到了答案，思考就容易告一段落，缺少突破，没有继续探索的兴趣，缺乏求新、求异的积极性。长此以往，束缚了思路，限制了思维的深度和广度，形成了思维定势，弱化了创新能力。

知识链接

一头大象能轻松把一棵大树连根拔起，可是拴住大象只需一根小小的木桩，这是为什么呢？

原来，大象幼年时远没有成年之后那么强壮。人们用一条绳索把幼年大象拴住，一开始小象当然想摆脱这种困境，但是无论它怎样努力都无济于事。在经历了一段时间的挣扎之后，它放弃了所有的努力。最后，当它成为一头强壮的成年大象时，即使没有任何绳索它也绝不会尝试着从木桩上下来，似乎它的内心深处总是有一个声音在说："我做不到！我做不到！"

站在大象的角度考虑，这是一场悲哀，因为大象囿于以往的经验而不再挣脱。可现实中无数人和大象一样身处困境，他们同样曾经被束缚、被约束，并且被告知"你永远也不可能摆脱束缚"，所以无数次在困难面前退缩。这些人也许会有许多梦想，但是他们的"失败烙印"终究会把他们拉回到自己的"木桩"上。其实，只要你找到局限自己的思想之源，摆脱精神的枷锁，你的梦想将不再有边界。

3．不善于观察

创新能力需要创新主体具备敏锐的观察力，来发现现实生活中需要解决的某个问题或现象。观察能力贯穿于发现问题、分析问题和解决问题的始终。不善于观察，就不容易发现问题，容易与创新的良机擦肩而过；不善于观察，就不能深入的分析问题，自然也就无法找到有效地解决问题的办法。

当前，职业院校学生的观察力普遍是比较缺乏的。他们习惯了接受已有的知识、现存的现象，没有浓厚的观察兴趣、科学的观察方法和良好的观察习惯。当创新的可能性出现时，也可能视而不见、听而不闻，不能对客观事物做出灵敏、科学的判断，就不能通过实践给予落实和检验，也就不能实现创新。

生活实例

爱若和布若差不多同时受雇于一家超级市场，开始时大家都一样，从最底层干起。可不久爱若受到总经理的青睐，一再被提升，从领班直到部门经理。布若却像被人遗忘了一般，还在最底层混。终于有一天布若忍无可忍，向总经理提出辞呈，并痛斥总经理用人不公平。总经理耐心地听着，他了解这个小伙子，工作肯吃苦，但似乎缺少了点什么，缺什么呢？……

他忽然有了个主意。“布若先生，”总经理说：“请您马上到集市上去，看看今天有什么卖的。”布若很快从集市回来说，刚才集市上只有一个农民拉了一车土豆卖。“一车大约有多少袋，多少斤？”总经理问。布若又跑去，回来说有 10 袋。“价格多少？”布若再次跑到集上。总经理望着跑得气喘吁吁的他，说：“请休息一会吧，你可以看看爱若是怎么做的。”

说完叫来爱若对他说：“爱若先生，请你马上到集市上去，看看今天有什么卖的。”爱若很快从集市回来了，汇报说到现在为止只有一个农民在卖土豆，有 10 袋，价格适中，质量很好，他带回几个让经理看。这个农民过一会儿还将弄几筐西红柿上市，据他看价格还公道，可以进一些货。这种价格的西红柿总经理可能会要，所以他不仅带回了几个西红柿作样品，而且还把那个农民也带来了，他现在正在外面等回话呢。

总经理看了一眼布若，说：“请他进来。”爱若由于比布若多想了几步，于是在工作上取得了成功。

人与人的差距，更多体现在思想方法上，虽然初始时就那么一点点，但日积月累就越拉越大，所以发现差距及时总结，方能迎头赶上。人要善于观察、学习、思考和总结，如果只是一味地埋头拉车而不抬头看路，那么，就会原地踏步，明天仍旧重复昨天和今天的故事。

4．实践动手能力差

创新活动不仅需要创新思维，而且需要实践动手能力，否则，创新就会成为空中楼阁。实践活动是培养职业院校学生创新能力的有效手段和桥梁；实践动手能力，是衡量创新人才的重要标准之一。

当代职业院校学生很少有时间或机会参加实践活动，实践动手能力基础薄弱；进入校园后，有了相对多的实践和实习机会，但在实际操作时，学生常常不知从何入手或者感到力不从心，这在很大程度上限制了创新思维的发展，阻碍了创新能力的培养。

5．意志品质薄弱

当代职业院校学生中有相当一部分是娇生惯养的独生子女，家庭较多的关爱和呵护导致他们缺乏吃苦耐劳的精神和克服困难的勇气。因此，在遇到困难时，容易知难而退，害怕失败，缺乏对挫折的承受力和锲而不舍的精神，缺乏对专业知识的深入研究以及对各类相关知识的广泛涉猎，在创新的道路上浅尝辄止。有些职业院校学生受享乐主义的影响，对人生的价值和目标认识不清，采用玩世不恭、放任自我的态度来对待学习，在学习中怕苦怕累，不愿思考，不愿去发现问题和解决问题，更无从谈创新。

（二）提升创新能力，迫在眉睫

什么是创新能力呢？目前尚未看到标准的定义，或者说这个“标准”本身在不断“创新”之中。通常意义上来说，创新能力是指在前人发现或发明的基础上，通过自身的努力，创造性地提出新的发现、发明和新的改进、革新方案的能力，也叫创新力。

那么如何提升创新能力呢？其实也没有现成的答案。但我们认为在以下几个方面努力一定会有所收获。

1．勤奋学习

著名军旅歌曲词作家阎肃在央视《开讲啦》节目中谈其创作心得时说：“阅历即财富，主动即自由”。可以说是对如何养成创造力的一个经典总结。他进而解释说，阅历包括阅读和经历。博览群书是站在前人的肩膀上看事物、看世界，你就会看得更透，看得更远。而经历是汲取智慧的实践环节，正所谓“行千里路，读万卷书”。知识学得越多、学得越活，创新能力可能就越强。“主动”的含义就是无论做什么都要源于内心的呼唤，即人们常说的变“要我学、要我做”为“我要学、我要做”。“主动”创造，发挥主观能动性，你的理解力、记忆力和想象力就像插上了翅膀，就能从必然王国走向自由王国。

2．敢想敢做

创新不需要天才，但需要勇气，需要大胆尝试。有时候，创新并不是那么高不可攀、深不可测的事情，只需要我们找出新的改进方法或尝试不同的路径。比如目前如火如荼的电子商务，沿海地区一个小村庄，昔日面朝黄土背朝天的农民竟开设了2 000多个网店，而且生意红火，这说明了什么呢？

生活实例

美国有个叫杰福斯的牧童，他的工作是每天把羊群赶到牧场，并监视羊群不越过牧场的铁丝栅栏到相邻的菜园里吃菜。

有一天，小杰福斯在牧场不知不觉地睡着了。不知过了多久，他被一阵怒骂声惊醒了。只见老板怒目圆睁，大声吼道：“你这个没用的东西，菜园被羊群搅得一塌糊涂，你还在这里睡大觉！”杰福斯吓得面如土色，不敢回话。

这件事发生后，机灵的小杰福斯就想，怎么才能使羊群不再越过铁丝栅栏呢？他发现，那片有玫瑰花的地方，并没有更牢固的栅栏，但羊群从不过去，因为羊怕玫瑰花的刺。“有了”，杰福斯高兴地跳了起来：“如果在铁丝上加上一些刺，就可以挡住羊群了。”

说干就干。他立即将截成5厘米左右的小段铁丝结在栅栏上当刺。再放羊的时候，他发现羊群起初也试图越过铁丝网去菜园，但每次被刺疼后，惊恐地缩了回来，被多次刺疼之后，羊群再也不敢越过栅栏了，小杰福斯成功了。半年后，他申请了这项专利并获批准。后来这种带刺的铁丝网便风行全世界。

这样一个简单的创意居然获得了巨大的成功。这也说明创新的动机越直接、越简单，创新就越容易成功，关键看你有没有勇气去尝试。

3．独立思考

要感质疑，多思考，突破思维羁绊。要善于思考，多层次、多角度、全方位地思考问题，思路要灵活，不要一头撞到南墙不知道拐弯；要善于捕捉偶然因素，认真考虑，从中找出发生的原因，有时偶然的意外，就可能成为成功的“机遇”。

生活实例

一个建筑公司的经理忽然收到一份购买两只小白鼠的账单，不由好生奇怪。原来这两只老鼠是他的一个下属买的。他把那下属叫来，问他为什么要买两只小白鼠？下属答道：“上星期我们公司去修的那所房子，要安装新电线。我们要把电线穿过一个10米长，但直径只有2.5厘米的管道，而且管道是砌在砖石里，并且弯了4个弯。

我们当中谁也想不出怎么让电线穿过去，最后我想了一个好主意。我到一个商店买来两只小白鼠，一公一母。然后我把一根线绑在公鼠身上并把它放到管子的一端。另一名工作人员则把那只母鼠放到管子的另一端，逗它吱吱叫。公鼠听到母鼠的叫声，便沿着管子跑去救它。公鼠沿着管子跑，身后的那根线也被拖着跑。我把电线拴在线上，小公鼠就拉着线和电线跑过了整个管道。

我们在遇到问题时，一定要多思考，思路要灵活，当一种方式解决不了问题时，应多方面思考虑解决问题的途径。

4．头脑风暴

头脑风暴（Brain-storming），最早是精神病理学上的用语，指精神病患者的精神错乱状态，现在用来描述无限制的自由联想和讨论，其目的在于产生新观念或激发创新设想。头脑风暴法又称智力激励法、BS法、自由思考法，是由美国创造学家A. F. 奥斯本于1939年首次提出、1953年正式发表的一种激发性思维的方法。此法经各国创造学研究者的实践和发展，已经形成了一个发明技法群，如奥斯本智力激励法、默写式智力激励法、卡片式智力激励法等。

创新需要联想、借鉴、模仿、拓展，需要突破框框、群策群力、推陈出新，当我们尝试这一切的时候就是“头脑风暴”的过程。

头脑风暴训练

（1）火柴的用途

第一步，分发火柴给同学观摩、思考；

第二步，请同学们每个人至少写出 20 种以上，火柴的用途和功能；

第三步，分享，找到全班同学所写的大量功能中，只出现了 3 次以下的火柴的功能，请那些同学分享他们如何想到的这个创新之处。

（2）冰块的用途

第一步，全班同学自由成组；

第二步，给大家 3 分钟时间，每组尽可能多的写出冰块的用途和功能；

第三步，组间评比，比数量——每组分别写出了多少条？比质量——找出本组异于其他组的创新点子；

第四步，组间进行分享交流。

任务实施

案例讨论

有一个学生一直热爱画画，毕业后他出国留学继续深造。可是，在国外的生活太拮据了，读书之余，他还要靠打工赚取生活费。

后来，有人介绍了一份工作给他，就是帮宾馆修剪草坪。这个工作和画画可是大相径庭，不仅需要一把好体力，而且剪草坪的剪子还会把手磨得粗糙不堪。起初他很不情愿，因为他的梦想是当一名油画家而不是草坪工人。但现实是不能由自己的意愿决定的，他只好一次次地去宾馆外面，对着草坪和灌木，不断重复单调的工作。

在国外的三年时间里，他就这样一直靠帮各个宾馆修剪草坪谋生。渐渐地他发现，修剪草坪也并非总是那么枯燥。比如说，有一天，他不小心铲坏了一块草皮，想了想，他就把这块草坪修成了一幅画的样子，竟得到了人们的极力赞赏，他的薪酬也因此增加了一倍。慢慢地，他开始喜欢修草坪这个工作了。后来，因为请他修剪草坪的宾馆太多，他不得不雇用了另外一些人，再后来，他有了自己的小店。三年以后，他成立了自己的公司，这是一家专门帮人设计修剪草坪画的公司。

如果当年他一味地热爱美术，专心油画，而不去做其他工作，也许过不了多久就会坐吃山空，所学的功课也会半途而废。可是，成功之箭偏了那么一点点，它没有射中美术这个靶心，却射中了草坪公司的靶心。

其实，很多时候，成功之箭射中的都是另外的靶心。

讨论：

从这个案例你学到了什么？

拓展阅读与思考

你在为谁打工

齐瓦勃出生在美国乡村，只受过很短的学校教育。15岁那年，家中一贫如洗的他就到一个山村做了马夫。然后雄心勃勃的齐瓦勃无时无刻不在寻找着发展的机遇。三年后，齐瓦勃终于来到钢铁大王卡内基所属的一个建筑工地打工。一踏进建筑工地，齐瓦勃就抱定了要做同事中最优秀的人的决心。当他人在抱怨工作辛苦、薪水低而怠工的时候，齐瓦勃却默默地积累着工作经验，并自学建筑知识。

一天晚上，同伴们在一起闲聊，唯独齐瓦勃躲在角落里看书。那天恰巧公司经理到工地检查工作，经理看了看齐瓦勃手中的书，又翻开他的笔记本，什么也没说就走了。第二天，公司经理把齐瓦勃叫到办公室，问："你学那些东西干什么？"齐瓦勃说："我想我们公司并不缺少打工者，缺少的是既有工作经验、又有专业知识的技术人员或管理者，对吗？”经理点了点头。不久，齐瓦勃就被升任为技师。打工者中，有些人讽刺挖苦齐瓦勃，他回答说：“我不光是在为老板打工，更不单纯为了赚钱，我是在为自己的梦想打工，为自己的远大前程打工，我们只能在业绩中提升自己。我要使自己工作所产生的价值，远远超过所得的薪水，只有这样我才能得到重用，才能获得机遇！”抱着这样的信念，齐瓦勃一步步升到了总工程师的职位。25岁那年，齐瓦勃又做了这家建筑公司的总经理。

卡内基的钢铁公司有一个天才的工程师兼合伙人琼斯，在筹建公司最大的布拉德钢铁厂时，他发现了齐瓦勃超人的工作热情和管理才能。当时身为总经理的齐瓦勃，每天都是最早来到建筑工地。当琼斯问齐瓦勃为什么总来这么早的时候，他回答说：“只有这样，当有什么急事的时候，才不至于被耽搁。”工厂建好后，琼斯推荐齐瓦勃做了自己的副手，主管全厂事务。两年后，琼斯在一次事故中丧生，齐瓦勃便接任了厂长一职。因为齐瓦勃的天才管理能力及高度负责的工作态度，布拉德钢铁公司成了卡内基钢铁公司的灵魂。因为有了这个工厂，卡内基才敢说：“什么时候我想占领市场，市场就是我的。因为我能造出又便宜又好的钢材。”几年后，齐瓦勃被卡内基任命为钢铁公司的董事长。

齐瓦勃担任董事长的第七年，当时控制着美国铁路命脉的大财阀摩根，提出与卡内基联合经营钢铁。开始的时候，卡内基没理会。于是摩根放出风声，说如果卡内基拒绝，他就找当时居美国钢铁业第二位的贝斯列赫姆钢铁公司联合。这下卡内基慌了，他知道贝斯列赫姆若与摩根联合，就会对自己公司的发展构成威胁。一天，卡内基递给齐瓦勃一份清单说：“按上面的条件，你去与摩根谈联合的事宜。”齐瓦勃接过来看了看，对摩根和贝斯列赫姆的情况了如指掌的他微笑着对卡内基说：“您有最后的决定权，但我想告诉您，按这些条件去谈，摩根肯定乐于接受，但您将损失一大笔钱。看来您对这件事没有我调查的详细。”经过分析，卡内基承认自己过高估计了摩根。卡内基全权委托齐瓦勃与摩根谈判，并取得了对卡内基有绝对优势的联合条件。摩根感到自己吃了亏，就对齐瓦勃说：“既然这样，那就请卡内基明天到我的办公室来签字吧。”齐瓦勃第二天一早就来到了摩根的办公室，向他转达了卡内基的话：“从第

51 号街到华尔街的距离，与华尔街到 51 号街的距离是一样的。”摩根沉吟了半晌说：“那我过去好了！”摩根从未屈就到过别人的办公室，但这次他遇到的是全身心投入的齐瓦勃，所以只好低下自己高傲的头。

后来，齐瓦勃终于自己建立了大型的伯利恒钢铁公司，并创下了非凡的业绩，真正完成了他从一个打工者到创业者的飞跃。

学习与探究

学生阐述观点：

教师点评观点：

学生进行总结：

项目六　艺术欣赏，雅俗共赏

任务一　艺术人生，心灵之美

学习目标

◈　了解艺术的产生
◈　了解艺术的特点

出生于1893年的阿炳原为无锡城区雷尊殿道士，在父亲的教习下，他十六七岁便学会了结构繁复、技法多变的梵乐，吹、拉、弹、唱、打、念样样精通，并能正式参加道教法事音乐的演奏活动。年过而立之后，他的境遇急转直下。先是因染上鸦片等恶习导致生活贫困，后患眼疾，双目相继失明，最后流落街头卖艺。底层的生活让他历尽人世艰辛和屈辱，才艺出众的阿炳只能通过拉二胡、弹琵琶等方式来表达自己的爱恨情仇和对痛苦生活的感受。新中国成立后，阿炳获得了新生，1950年夏，中央音乐学院杨荫浏、曹安和教授专程来无锡为身患重病的阿炳演奏录音，此时阿炳已荒弃音乐达三年之久，但凭借其扎实功底和惊人天赋，经过三天的练习，阿炳完成了录音，共留下《二泉映月》《听松》《寒春风曲》三首二胡作品和《大浪淘沙》《龙船》《昭君出塞》三首琵琶作品。1950年9月，阿炳与世长辞，但《二泉映月》和《大浪淘沙》获得了二十世纪华人经典音乐作品奖，命运多舛的阿炳用音乐为后世留下了不可多得的精神财富。

艺术是通过形象塑造来反映社会生活，表现作者思想感情的一种社会意识形态。从广义上讲，艺术包括作为语言艺术的文学。从狭义上讲，艺术专指文学以外的其他艺术门类，将文学与艺术并列起来，则合称文艺。本书主要讲述文学以外的其他艺术门类，包括音乐、舞蹈、绘画、雕塑、摄影、书法、戏剧、影视及设计艺术。

一、艺术的产生

在中国，艺术的“艺”字最早见于甲骨文——，这是一个象形字，像一个人手持小苗把它种到土地上，这就是“艺”字的原始形态，它的本意是“种植”。《墨子·非乐》里有这样的话：“农夫早出暮入，耕稼树艺，多聚菽粟，此其分事也。”这里的“艺”字用的就是它的本意。种植是需要技艺的，因此“艺”这个字就衍生出新的意义：才能。于是有才艺的人就被称为“艺人”，各种技艺被称为“艺事”。虽然“艺术”在《后汉书》中已经出现，但这是一个“艺”加“术”的复合字，而不是一个词，仍指各种技艺，同现代艺术概念的含义完全不同。

古代西方人也把艺术归入一般技艺之中。据波兰美学家塔塔科维兹在《古代美学》一书中所说，希腊人赋予“techn”这个术语——我们译为“艺术”——以比现代意义上的艺术更为广泛的含义，意思是有技艺的生产，凡是可凭专门知识来学会的工作都可归到这个概念之下。古罗马和中世纪基本上因袭了希腊人的观点，把艺术看作技艺一类。文艺复兴时期，现代意义上的艺术家——建筑学家、诗人、画家、雕塑家竭力争取提高自己的社会地位，并致力于去发现古代艺术遗迹中的美，对促进艺术独立具有重要的意义。

1747 年，法国美学家夏尔·巴托把广义的艺术分为了三类：第一类是以满足人们的需求为目的的艺术，如农业、纺织等；第二类是以引起快感为目的的艺术，即“美的艺术”，包括音乐、诗歌、绘画、雕刻和舞蹈；第三类是兼有效用的和快感的艺术，如雄辩术和建筑。至此，艺术才从传统的技艺中分离出来，有了接近今天我们所理解的含义。

我国现代艺术概念的产生是在 20 世纪前叶。在外来文化的影响下，我国最早的一批美学家王维、蔡元培、梁启超、鲁迅等首先使用了“艺术”这个概念。起先，“美术”和“艺术”这两个词作为同义的概念并行不悖；后来，在使用的过程中，两个词渐渐地归于统一，统一于艺术，于是现代艺术概念在我国终于确立了起来。

二、艺术的特点

（一）形象性

知识链接

意大利文艺复兴时期的画家达·芬奇所创作的《蒙娜丽莎》，是几个世纪以来人们赞叹而又迷惘的作品。这幅肖像画中的少妇，据说是佛罗伦萨一个皮货商的妻子，当时她刚刚丧子，心情很不好。达·芬奇在为她作画时，特地邀请了乐师在旁边弹奏优美的乐曲，使这位少妇保持愉悦的心情，以便能比较从容地捕捉表现在面部的内在感情。画中蒙娜丽莎含而不露的笑容显得深不可测，因而被称为“神秘的微笑”。传说达·芬奇用了整整四年的时间，才完成这幅肖像画。达·芬奇为了艺术上的追求，从生理学和解剖学的角度深刻分析了人物的面部结构，研究明暗变化，才创造出这一富有魅力的艺术形象。《蒙娜丽莎》之所以如此迷人，是因为她最完美地表达了文艺复兴时期人文主义的理想。经历了中世纪长期的宗教束缚和封建桎梏，在人性遭到长期压抑之后，人们自然十分向往真实的活生生的人物形象，《蒙娜丽莎》正是最完美地表达了这种人性美的理想。

艺术形象是艺术反映生活的特殊形式。所谓形象性，是指任何艺术作品都必须具有生动、具体、具有一定观赏价值的艺术形象。普列汉诺夫曾经讲过，“艺术既表现人们的感情，也表现人们的思想，但是并非抽象的表现，而是用生动的形象来表现。这就是艺术的最主要的特点”。各个具体的艺术门类，它们所塑造的形象具有各自不同的特点，如绘画、雕塑、摄影、书法等塑造视觉形象，音乐塑造听觉形象，戏剧、影视塑造综合形象等。但无论如何，形象性是任何艺术种类都不可缺少的，是艺术的基本特征。

（二）主体性

艺术作为一种特殊的社会意识形态，艺术生产作为一种特殊的精神生产，决定了艺术必然具有主体性的特征。毫无疑问，艺术来源于现实生活并反映现实生活，但是，这种反映绝不是简单的“模仿”或“再现”，而是融入了创作主体乃至欣赏主体的思想情感，体现出十分鲜明的创造性和创新性。所以，主体性作为艺术的基本特征之一，不但体现在艺术创作上，而且体现在艺术欣赏中。

拓展阅读

画　马

同样是画马，唐代画家韩干笔下的马和元代画家赵孟頫笔下的马就迥然不同，这就体现出两位画家各自的艺术风格和独特的艺术追求。

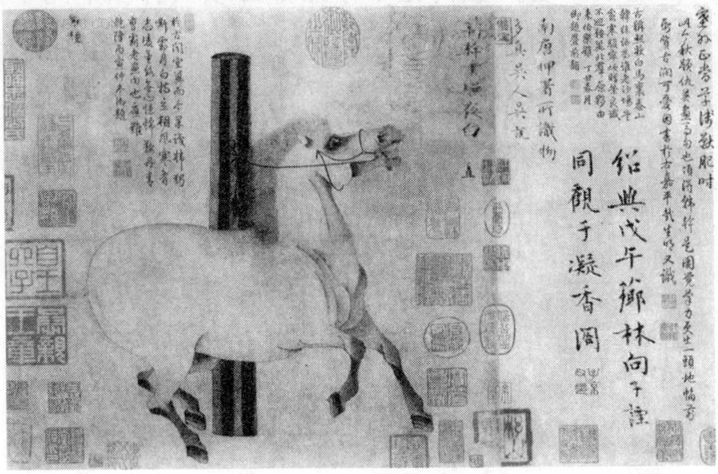

韩干画马，注重实际观察。唐玄宗曾命他跟随宫中另一位画马名家学习，韩干没有应允，回答道："臣自有师，陛下内厩之马，皆臣之师也。"唐代帝王都喜欢养马，唐玄宗时内厩御马多至40万匹，韩干细心观察马的形状、毛色，终于成为唐代画马名家，其创作的《照夜白图》就是传世名作。"照夜白"是唐玄宗一匹爱马的名字，韩干在这幅画中，只用了不多的笔墨，便绘出了这匹御马硕大的身躯和不安静的四蹄，给人以栩栩如生的感觉。

元代画家赵孟頫是画马、画山水的名家，他在画马时取法唐人，但师其意而不师其形，形成自己独特的画马风格。其创作的《秋郊饮马图》中，10匹马姿态各异，但匹匹都精神抖擞，表现出马的健美和善于奔跑的习性。

（三）审美性

从艺术生产的角度来看，任何艺术作品都必须具有以下两个条件：其一，它必须是人类艺术生产的产品；其二，它必须具有审美价值，即审美性。艺术是人类审美意识物质形态化的表现，艺术家通过艺术创作，把现实生活中的真、善、美凝聚到艺术作品中，把自己的审美意识传达给欣赏者，欣赏者通过艺术欣赏使自己的审美需要得到满足。

任务实施

案例讨论

齐白石，湖南湘潭县的一个木匠，靠着自学，成为画家，并荣获世界和平奖。然而，面对已经取得的成功，他永不满足，而是不断汲取历代名画家的长处，改变自己作品的风格。他 60 岁以后的画，明显不同于 60 岁以前的作品；70 岁以后，他的画风又变了一次；80 岁以后，他的画作风格再度变化，史称“衰年变法”。据说，齐白石一生中曾五易画风，正因为白石老人在成功后仍然不断创新，所以他晚年的作品比早期的作品更为成熟，艺术价值更高。

讨论：

为什么齐白石能称为大画家？从他身上你学到了什么？

任务二 艺术欣赏，雅俗共赏

学习目标

- ◈ 了解艺术欣赏的特点
- ◈ 学习提高艺术欣赏能力

在美国汽车城底特律，以前许多加油站经常排长队，加油者因等候加油而常常心急火燎，发生争执吵闹。为了改变这种状况，各个加油站开始播放古典音乐和轻音乐，音乐使人忘掉恶癖、减少烦恼与忧愁，从此因排队等候加油而发生吵闹的现象大大减少。的确，音乐可以安抚我们的情绪，让处于愤怒、焦虑、惊恐情绪中的人欣赏节奏稍慢、柔和、幽雅的音乐，使他们激动、烦躁的情绪安静下来；让处在抑郁、悲伤、痛苦、绝望情绪中的人欣赏节奏感强、明快、富有激情的音乐，使他们精神振奋，增强自信心。

艺术欣赏是人们以艺术形象作为对象的审美活动。这种审美活动既包括对象，也包括主体。对象是指艺术作品中的艺术形象，主体是指欣赏者。

艺术欣赏是对艺术形象的一种接受，是欣赏者通过对艺术作品的感知、体验、理解、想象、再创造等一系列心理活动来完成的。这个过程既是对作品当中艺术的美的一种发现，也是欣赏者的一种再创造的过程。

一、艺术欣赏的特点

（一）艺术欣赏是一种再创造活动

西方有句名言“有一千个读者就有一千个哈姆雷特”，这句话反映了艺术欣赏不只是艺术接受的过程，同时也是欣赏者发挥主观能动性的一次再创造的过程。

尽管艺术形象规定了欣赏者的感知、体验、理解、想象等认识活动的基本倾向和范围，但欣赏者总是结合自己的生活体验去感受艺术形象，理解作品意蕴，深化情感体验。由于欣赏者的社会经历、思想意识和审美经验的不同，审美趣味互有差异，使艺术欣赏带有各自不同的主观倾向。另外，由于欣赏者的职业、身份、艺术素养的不同，对作品的理解也会有所不同。如鲁迅在讲到文学欣赏的差异时曾以《红楼梦》为例说：“单是命意，就因读者的眼光而有种种：经济家看见《易》，道学家看见淫，才子看见缠绵，革命家看见排满，流言家看见宫闱秘事……”。正是这种“再创造”的过程，使作品具有了更广阔的社会内容。

（二）艺术欣赏是感性认识与理性认识相统一的活动

欣赏者对作品所揭示的生活的本质的认识，或对艺术家所作的说明、判断、评价的接受，始终和欣赏者对艺术作品所反映的具体生活现象的直接感受和情感反应密不可分。在整个欣赏过程中，对反映于作品之中的生活，只有那些为欣赏者的感觉和情感所肯定和接受的东西，才能成为他在理性上所能肯定和接受的东西。艺术欣赏的这一特点，使欣赏者在欣赏活动中不仅认识了事物的本质，而且生动具体地把握了丰富多彩的感性世界，激发了与对事物的理性认识相一致的情感态度，进而推动欣赏者走向实践。

（三）艺术欣赏是充满着想象和联想的活动

艺术作品是形象思维的产物，每一件艺术作品的产生过程都始终伴随着丰富的想象和联想活动。同样，艺术欣赏过程中也总是伴随着一系列的想象和联想活动。欣赏者只有在欣赏艺术作品时，根据自己的生活经验、情感经历和审美情趣，通过联想和想象，对作品的形象予以补充和丰富，才能使艺术形象更加具体地呈现在脑海中，从而对其进行感知和理解。

在联想和想象的作用下，作品中或是静止的，或是虚构的，或是有限的艺术形象，就会变成欣赏者心目中活动的、真实的、无限丰富的生活形象。如齐白石所画的《蛙声十里出山泉》，画中只画了几只蝌蚪顺着泉水形成的溪流而下，借以表达十里蛙声的景象。欣赏者要想真切地体会出画作的意境，必须从蝌蚪展开想象和联想，一直想到顺流而下的蝌蚪一路长成青蛙，分别生活在溪流上下，这样在大脑中意会出蛙声一片的景象，从而体验到画作的意境美。

二、如何提高艺术欣赏能力

（一）加强艺术实践，提升审美能力

实践是培养人的多种能力的主要途径，艺术审美实践则是培养人的艺术欣赏能力的主要途径。

首先，广泛地参加多种艺术审美实践，可以培养我们对艺术的感知、感受的能力。任何一种艺术都具有其一定的外部形态，它是艺术家通过一定的物质媒介表现出来的。例如，音乐作品是艺术家通过人的发音器官或通过乐器表现出的由乐音、旋律、节拍及和声等构成的听觉形象，多听音乐能培养和提高耳

朵的乐感。经常性地大量欣赏优秀的艺术作品，可直接有助于提高人们的艺术欣赏能力。

其次，艺术审美经验的积累，主要依靠平时的审美实践。艺术欣赏，作为一种社会性的审美实践活动，它积累了前人丰富的经验，但这些经验必须经过欣赏者的亲身实践才能够转化为个人的体验，正所谓“凡操千曲而后晓声，观千剑而后识器，故园照之像，务先博观。”

再次，各类艺术间存在着许多相通之处，广泛地参加多种艺术欣赏实践，可以更有效地提高我们的艺术欣赏水平。随着社会的发展和艺术本身的发展，艺术的门类不断增多，新的艺术种类也在产生。例如，古人论诗与画，说“诗中有画，画中有诗”；古人评书法，说“书画同源”“书为心画”；前人论舞蹈为“流动的诗”，这说明各类艺术在塑造艺术形象时，虽然运用的物质媒介不同，但在创造美的规律上和具体的表现技法上却有着许多相通之处，在多种艺术欣赏实践中培养自己广泛的兴趣，可全面提高自己的艺术修养。

（二）学习艺术知识，提高艺术素养

马克思说：“如果你想得到艺术的享受，那你就必须是一个有艺术修养的人。”要想透彻地理解艺术作品，从中获得审美享受、思想启迪和精神鼓舞，必须具有一定的艺术素养。要提高艺术素养，首先要学习艺术知识。

艺术作为人类的一种精神情感活动，有其自身发展的规律及轨迹。各类艺术家都是在继承前辈的创作经验与成果的基础上，发挥自己的艺术才华，努力将艺术推向一个更高、更新的境界。因此，了解一些有关各门类艺术的本质特征、创作规律、美学特征和艺术手法，并适当了解中外艺术史上的一些艺术精品及其创作者的情况，对提高我们的艺术欣赏能力是大有益处的。各门类、体裁、样式的艺术具有各自的审美特征和表现技法，只有了解了这些基本知识，才能真正把握和理解作品，从而真正领略作品的艺术魅力。

（三）拓宽知识层面，提升文化修养

伟大的艺术家通常都具有广博的知识，如著名画家达·芬奇，还是一名自

然科学家；德国大诗人歌德，同时也是大戏剧家、植物学家；俄罗斯诗人罗蒙诺索夫，还是物理学家和化学家，所以他们的作品所蕴含的内容往往也是多层次的。这就要求欣赏者必须博览群书，扩大视野，具有渊博的知识，这样在欣赏作品时，才能得心应手，对作品做出真正的中肯的评价。

同样地，广泛的历史知识对艺术欣赏的影响也很大。例如，是否了解欧洲文艺复兴时期积极的人文主义思想，将直接导致对那个时期达·芬奇和拉斐尔的画作的认识和理解的不同；不了解一定的中国古代历史知识，想对中国古代的工艺品做深一步的了解，也是非常困难的。

艺术修养既是文化修养的一部分，同时又直接受益于文化修养的广博精深。从一定意义上讲，文化修养较高的人，艺术欣赏力也会有相当的水平。

（四）丰富生活阅历，提高人文素养

艺术创作离不开生活，艺术欣赏同样也离不开生活。欣赏者总是在自己生活经验的基础上去感受、体验和理解艺术作品。欣赏者的生活阅历越丰富，对艺术作品的感觉就越敏锐，理解也就会越深透。一件优秀的艺术作品，能深刻而典型地反映社会历史，能成功地再现生活，没有丰富的生活体验和广博的社会阅历的欣赏者是很难透彻地理解和认识的。只有具备丰富的生活体验和生活阅历，才能对将生活进行了高度概况的艺术作品真正做到深刻的体会和透彻的理解，才能真正地去欣赏它。

任务实施

案例讨论

有一天，米开朗基罗刚完成了一件作品，正在凝望作品沉思之际，一位朋友到访，问他正在想甚么。他答道：“我在构思，把雕像这部分修改一下，把那部分稍加打磨，把这部分弄得柔和一些，使肌肉的线条突出一点……”

朋友不耐烦地说：“这些都是小节而已！”

米开朗基罗很认真地回应说：“也许你可以这样说，但请你记着，将所有

小节加起来，就是完美，而完美绝不是小节！”

之所以注重小节，才如此多的完美作品可以在米开朗基罗的手下诞生。

讨论：

从米开朗基罗身上你学到了什么？

拓展阅读与思考

高山流水遇知音

俞伯牙从小就酷爱音乐，有许多人赞美他的琴艺，但他却认为一直没有遇到真正能听懂他琴声的人。

有一年，俞伯牙奉晋王之命出使楚国。八月十五那天，他乘船来到了汉阳江口。遇风浪，停泊在一座小山下。晚上，风浪渐渐平息了下来，云开月出，景色十分迷人。望着空中的一轮明月，俞伯牙琴兴大发，拿出随身带来的琴，专心致志地弹了起来。他弹了一曲又一曲，正当他完全沉醉在优美的琴声之中的时候，猛然看到一个人在岸边一动不动地站着。俞伯牙吃了一惊，手下用力，“啪”的一声，琴弦被拨断了一根。俞伯牙正在猜测岸边的人为何而来，就听到那个人大声地对他说：“先生，您不要疑心，我是个打柴的，回家晚了，走到这里听到您在弹琴，觉得琴声绝妙，不由得站在这里听了起来。”

俞伯牙借着月光仔细一看，那个人身旁放着一担干柴，果然是个打柴的人。俞伯牙心想：一个打柴的樵夫，怎么会听懂我的琴呢？于是他就问：“你既然懂得琴声，那就请你说说看，我弹的是一首什么曲子？”

听了俞伯牙的问话，那打柴的人笑着回答：“先生，您刚才弹的是孔子赞叹弟子颜回的曲谱，只可惜，您弹到第四句的时候，琴弦断了。”

打柴人的回答一点不错，俞伯牙不禁大喜，忙邀请他上船来细谈。那打柴人看到俞伯牙弹的琴，便说：“这是瑶琴，相传是伏羲氏造的。”接着他又把这瑶琴的来历说了出来。听了打柴人的这番讲述，俞伯牙心中不由得暗暗佩服。接着俞伯牙又为打柴人弹了几曲，请他辨识其中之意。当他弹奏的琴声雄壮高亢的时候，打柴人说："这琴声，表达了高山的雄伟气势。"当琴声变得清新流畅时，打柴人说："这后弹的琴声，表达的是无尽的流水。"

俞伯牙听了不禁惊喜万分，自己用琴声表达的心意，过去没人能听得懂，而眼前的这个樵夫，竟然听得明明白白。没想到，在这荒山野岭之中，竟遇到自己久久寻觅不到的知音。他问明打柴人名叫钟子期，和他喝起酒来，俩人越谈越投机，相见恨晚，结拜为兄弟。约定来年的中秋再到这里相会。

第二年中秋，俞伯牙如约来到了汉阳江口，可是他等啊等啊，怎么也不见钟子期来赴约，于是他便弹起琴来召唤这位知音，可是又过了好久，还是不见人来。第二天，俞伯牙向一位老人打听钟子期的下落，老人告诉他，钟子期已不幸染病去世了。临终前，他留下遗言，要把坟墓修在江边，到八月十五相会时，好听俞伯牙的琴声。

听了老人的话，俞伯牙万分悲痛，他来到钟子期的坟前，凄楚地弹起了《高山流水》。弹罢，他挑断琴弦，长叹一声，把心爱的瑶琴在青石上摔了个粉碎。他悲伤地说：我唯一的知音已不在人世了，这琴还弹给谁听呢？"

两位"知音"的友谊感动了后人，人们在他们相遇的地方，筑起了一座古琴台。直至今天，人们还常用"知音"来形容朋友之间心意相通，情谊深厚。

学习与探究

学生阐述观点：

教师点评观点：

学生进行总结：

项目七　良好习惯，成功钥匙

任务一　认知行为习惯

学习目标

- ◈ 了解行为习惯的定义
- ◈ 掌握积极的行为习惯

1961 年 4 月 12 日莫斯科时间上午 9 时 7 分，苏联宇航员尤里·加加林乘坐 4.75 吨重的“东方 1 号”宇宙飞船从哈萨克斯坦的拜克努尔发射场起航，在最大高度为 301 公里的轨道上绕地球一周，历时 1 小时 48 分钟，于上午 10 时 55 分降落在苏联境内，完成了世界上首次载人宇宙飞行，实现了人类进入太空的愿望。加加林成为世界上第一位进入太空的宇航员。他为什么能够从 20 多名宇航员中脱颖而出呢?

原来，在确定人选的前一个星期，有一个小插曲：宇宙飞船的主设计师罗廖夫发现，20 多名宇航员去参观他们要乘坐的飞船时，只有加加林一个人进舱门的时候脱下鞋子，只穿袜子进入座船。就是这个细小的举动赢得了罗廖夫的好感，他感到这个 27 岁的青年既懂规矩，又如此珍爱他为之倾全心血的飞船，于是决定让加加林执行人类首次太空飞行的神圣使命。加加林通过一个不经意的细节，表现了他珍爱他人劳动成果的修养和素质，也使他成为遨游太空的第一人。有人开玩笑说，成功从脱鞋开始。

原来，得到赏识很简单，养成好习惯就可以了。

一、行为习惯的定义

名人名言

思想引导行为；行为养成习惯；习惯造就性格；性格决定命运。

——约·凯思斯

从古到今，人们对于行为习惯的定义都有着不同的见解。在汉语里，习惯有两种基本的含义：一是指习于旧贯，习于故常；二是指长时间养成的不易改变的生活方式。从当代心理学的角度看，习惯是人在一定情境下自动化地去进行某种动作的需要或倾向。或者说，习惯是人在一定情境中所形成的相对稳定的、自动化的行为方式。

现在，大多数人比较认同的权威性的行为习惯定义是美国心理学家阿瑟·雷伯概括出的关于习惯的解释，雷伯在其所著的《心理学词典》中将习惯的含义概括为四种：

① 一般指一种习得的动作。本义是指运动模式、身体反应，现在已不限于此。② 通过重复而自动化了的、固定下来的且无需努力就轻而易举地实现的活动模式。③ 对药物的癖嗜，常用术语是药物依赖。④ 指特定动物物种的特征性行为模式，如“狒狒的习性”。

综合以上的解释，行为习惯有如下特点：

1）习惯是自动化了的反应倾向、活动模式或行为方式；

2）习惯是在一定时间内逐渐养成的，它与人后天条件反射系统的建立有密切关系；

3）习惯不仅仅是自动化了的动作或行为，也可包括思维的、情感的内容；

4）习惯满足人的某种需要，由此习惯可能起到积极和消极的双重作用。

二、积极的行为习惯

行为科学研究告诉我们，人95%的行为属于习惯性行为，它的形成分3个阶段：第一阶段在 1～7 天，重复相同的动作是刻意的、不自然的；第二阶段在 7～21 天，重复相同的动作虽然是刻意的，但已趋于自然；第三阶段在 21～90 天，重复相同的动作是不经意的、自然而然的。

由此可见，只要保持 21 天以上重复同一个行为会形成习惯，而 90 天相同的重复这个行为则会成为人稳定的习惯。另外，德国心理学家勒温提到，人类行为既受个体的影响，也受外界环境的影响，人的行为习惯的形成是由人的个体特征和周围环境相互作用的结果。

事实上，引导成功的唯一最重要的因素是我们每天所做的事情。我们的习惯将会决定我们能否成功。积极的行为习惯会对我们的成功起到良好的促进作用，同时能使我们终身受益。

例如，勤奋、耐心、细心等积极的行为习惯能够转化为个人内在的性格、情操、道德观念，也是正确地为人处世、建功立业的基础；而如果我们存在消极的行为习惯，这些行为习惯日复一日地伴随我们，最终必定会导致我们事业和生活的失败。工作与生活中，常见的消极行为习惯包括浪费时间、懒惰、胆小、缺乏勇气，等等。

20 多年前，海尔公司在厂区内张贴“不准随地小便”的告示，我们可能会产生这样的疑问：难道当时的员工不知道洗手间才是合适的地方吗？虽然现在看来在厂区张贴这样的告示是画蛇添足之举，但在当时，这种不良事件的确曾经发生，这种欠缺文明的不良行为习惯不仅破坏了环境卫生，而且会损坏企业品牌形象。只有将这种不良行为习惯用强制性的方法矫正过来，才能建立优秀的企业团队。

海尔集团也正是在注重培养员工的行为习惯、提高团队向心力的努力下，才赢得了今天“国内最具世界竞争力家电集团”的地位。

生活实例

兔子的胆小是出了名的，经常受到的惊吓总是像石头一样压在它们的心上。

有一次，众多兔子聚集在一起，为自己的胆小无能而难过，悲叹自己的生活中充满了危险和恐惧。

它们越谈越伤心，就好像已经有许多不幸发生在自己身上，而这也就是它们之所以成为兔子的原因。到了这种地步，负面的想象便无止境地涌现出来。它们怨叹自己天生不幸，既没有力气和翅膀，也没有牙齿，日子只能在东怕西怕中度过，就连想要抛弃一切大睡一觉，也有什么都听得见的长耳朵的阻挠，赤红的眼睛也就变得更加红了。

它们觉得自己的这种生活是毫无意义的，这又成了它们自我厌恶的根源。它们都觉得，与其一生心惊胆战，还不如一死了之好。

于是，它们一致决定从山崖上跳下去了结自己的生命，结束一切烦恼。于是它们一齐奔向山崖，想要投河自尽。这时，一些青蛙正围在湖边蹲着，听到急促的脚步声，如临大敌，立刻跳到深水里逃命去了。

这是兔子每次到池塘边都会看到的情景，但是今天，有一只兔子突然明白了什么，它大声地说："快停下来，我们不必吓得去寻死寻活了，因为我们现在可以看见，还有比我们更胆小的动物呢！"

这么一说，兔子们的心情奇妙地豁然开朗起来了，好像有一股勇气喷涌而出，于是它们欢天喜地回家去了。

任务实施

校园 6S 现场管理

训练目的：

将企业 6S 现场管理方法结合校园制度实施，规范学生行为，使学生真正了解企业需要人才的标准。

训练组织：

根据企业 6S 现场管理方法，配合校园管理制定校园 6S 管理标准（以 1 000 个金币为限）。

具体事项	金币配额
一、整理	
1．学生应在正式上课铃前进入教室。在正式上课铃后进入教室的：无正当事由晚 20 分钟以内，扣除 50 金币；晚 20 分钟以后，扣除 200 金币	−50 或～200 金币
2．下课以教师宣布为准，听见铃声下位轰跑者扣除 50 金币	−50 金币
3．学生课桌上物品应与课程相关，非相关物品不得在课桌上出现（手机、零食、饮料、小说、杂志、化妆品、镜子等非课程用品），出现扣除 30 金币	−30 金币
4．桌面物品应保持整齐规范，分类有序。无条理者扣除 10 金币	−10 金币
5．下课后应立即清理、整理学习用品，为下节课做出准备	+50 金币
6．做出一天整理规划，包括寝室整理规划等，自我监督执行	+50 金币
二、整顿	
1．班级课桌椅有序排放，违反者扣除 20 金币	−20 金币
2．课桌椅醒目处贴上所属学生姓名，由学生负责维护保管，如有损坏，由保管人负责修理，违反者扣除 100 金币	−100 金币
3．讲台放置在教室前方中央，讲台上粉笔盒与板擦应摆放整齐，易于教师取用，违反者（每日黑板清洁值日生）扣除 10 金币	−10 金币
4．每日放学后，由当日值日生清理教室废弃物，并对其分类，将可回收物与不可回收物分开处理，保持教室整洁，违反者扣除 20 金币	−20 金币
5．班级墙报内容应根据要求及时更新，黑板与墙报无乱涂乱改情况，违反者扣除 30 金币	−30 金币
6．由各组长每日自检，班长复检，重点检查内容：物品放置到位情况，教室整洁、整齐情况，举报属实者加 100 金币	+100 金币
三、清理	
1．讲台保持干净，无杂物、粉笔灰，违反者扣除 20 金币	−20 金币
2．黑板保持整洁、明亮，违反者扣除 10 金币	−10 金币
3．地面保持洁净，定时打扫，无废弃物，违反的清洁值日生扣除 50 金币	−50 金币

表（续）

具体事项	金币配额
4．桌面有序无杂物，违反者扣除10金币	-10金币
5．窗台、门框保持干净，定期清洁，违反的清洁值日生扣除30金币	-30金币
四、清扫	
1．随时保持地面无碎屑、纸屑等杂物，违反者扣除20金币	-20金币
2．保持墙上、天花板、门窗无灰尘，违反者扣除20金币	-20金币
3．随时保持讲台、黑板的整洁干净，违反者扣除20金币	-20金币
五、素养	
1．周一升国旗，统一着装校服，违反者扣除50金币	-50金币
2．在校园内不得穿戴奇装异服，不得染烫头发，男生不得留长发，发长保持在齐耳，并每日佩戴校牌，违反者扣除50金币	-50金币
3．不得在校园内任何区域抽烟，违反者扣除200金币	-200金币
4．用餐应自觉排队，不插队；饭后保持餐桌干净，违反者扣除30金币	-30金币
5．不随地吐痰，不乱抛垃圾，违反者扣除20金币	-20金币
6．上课时不准进食，如早餐、零食等，不得将食物带入教学楼，违反者扣除50金币	-50金币
7．学校有关校纪校规学生应自觉遵守，对于违纪者依具体情况扣除50～200金币并把名单公布于警告栏内	-50至～200金币
8．礼貌待人，尊敬教师，团结同学，表现良好者奖励100金币	+100金币
9．应注意良好的个人卫生，违反者扣除100金币	-100金币
10．每班对每月平时表现好或有贡献者，由班主任据情况进行奖励	+50～500金币
六、安全	
1．实习实训期间遵守安全守则，严禁违章操作，违反者扣除50金币	-50金币
2．寝室内严禁吸烟，严禁使用大功率电器，违反者扣除100金币	-100金币
3．严禁携带管制刀具，违反者扣除500金币	-500金币

训练考核：

学生平时行为规范以校园6S管理为标准，根据其具体行为扣除或奖励对应数量的金币，一个月后计算可以获得多少金币。

任务二　行为习惯，影响命运

学习目标

- ◈ 了解好习惯与成功的关系
- ◈ 学习培养良好的行为习惯
- ◈ 学习自我管理

亨利·福特是美国福特汽车制造公司的创始人。大学毕业后，他到一家汽车公司应聘，之所以能被这家公司录用，很重要的一个原因是一张“废纸”。

和他一起参加竞聘的几个求职者都比他学历高、条件好，他觉得自己没有什么希望了。他带着“没什么希望”的心理敲门走进了董事长的办公室。

一进办公室，他发现入门处有一张纸，便弯腰捡了起来，发现是一张废纸，便顺手把它扔进了废纸篓里。然后，福特走到董事长的办公桌前，说：“我是来应聘的福特。”董事长说：“很好，很好！福特先生，你已被我们录用了。”福特惊讶地说：“董事长，你怎么还没有面试就把我录用了？”董事长回答道：“福特先生，前面三位的确学历比你高，且仪表堂堂；但是他们眼里只能‘看见’大事，而看不见小事。你的眼睛能看见小事，我认为能看见小事的人，将来自然能看到大事，一个只能‘看见’大事的人，他会忽略很多小事，是不会成功的。所以，我才录用你。”

福特就这样进入了这家公司，在他的努力下，这家公司很快扬名天下，成为著名的“福特汽车制造公司”，改变了美国汽车行业的地位，使美国汽车产业在世界独占鳌头。正是因为福特能看到小事、注重细节，才使他有了事业成功的基础。

一、好习惯是成功的钥匙

名人名言

美德大多存在于良好的习惯中。

——佩利

生活实例

汉朝时，少年匡衡非常勤奋好学。

由于家里很穷，所以他白天必须干许多活，挣钱糊口。只有晚上，他才能坐下来安心读书。不过，他又买不起蜡烛，天一黑，就无法看书了。匡衡心痛这浪费的时间，内心非常痛苦。

他的邻居家里很富有，一到晚上好几间屋子都点起蜡烛，把屋子照得通亮。匡衡有一天鼓起勇气，对邻居说："我晚上想读书，可买不起蜡烛，能否借用你们家的一寸之地呢？"邻居一向瞧不起比他们家穷的人，就恶毒地挖苦说："既然穷得买不起蜡烛，还读什么书呢！"匡衡听后非常气愤，不过他更下定决心，一定要把书读好。

匡衡回到家中，悄悄地在墙上凿了个小洞，邻居家的烛光就从这洞中透过来了。他借着这微弱的光线，如饥似渴地读起书来，渐渐地把家中的书全都读完了。

匡衡读完这些书，深感自己所掌握的知识是远远不够的，他想多看一些书的愿望更加迫切了。

附近有个大户人家，有很多藏书。一天，匡衡卷着铺盖出现在大户人家门前。他对主人说："请您收留我，我给您家里白干活不报酬。只是让我阅读您家的全部书籍就可以了。"主人被他的精神所感动，答应了他借书的要求。

匡衡就是这样勤奋学习的，后来他做了汉元帝的丞相，成为西汉时期有名的学者。

好习惯是成功的钥匙。有人说，建设多高的楼就打多深的地基，根基不牢地动山摇。建筑如此，做人更是如此。1987 年，75 位诺贝尔奖得主齐聚巴黎，记者问一位诺贝尔科学奖得主："您在哪所大学、哪个实验室学到了您认为是最主要的东西呢？"这位白发苍苍的老学者答道："是幼儿园。"记者随即问道："在幼儿园能学到什么东西呢？"老学者平静地说："把自己的东西分一半给小伙伴们，不是自己的东西不要，东西放整齐，吃饭前要洗手，做错事要表示道歉，午饭后休息，要观察周围的大自然……"这位科学家出人意料的回答，恰恰证明了良好行为习惯的养成对一个人成功的决定性意义。

好习惯都是慢慢培养、天长日久熏陶出来的，孔子说："少成若性，习惯之为常。"成功人士能在事业上创造奇迹，很大程度上依赖于良好的习惯。

1995 年，教育学家们对 148 名中外杰出青年进行调查研究发现，他们之所以能够成为杰出青年，与他们自身具备的良好行为习惯有着重要的联系：

这些青年在中小学读书时，60%以上的人可以抵制住外界的诱惑，坚持认真完成作业；近 70%的人非常喜欢独立完成学习或工作任务；80%的人面对班级中不公平的事情会感到愤怒；一半以上的人会制止他人的不良行为。

而就在同年一篇极其震撼的研究报告也公开发表，内容是对 115 名青年死刑罪犯的调查报告：32%的人曾经是少年犯；67%的人有前科。调查表明，这些罪犯从善到恶并非偶然，大都有好逸恶劳、不学无术、自以为是等不良习惯，最终导致他们走上了人生不归路。

不同的经历造成了杰出青年与死刑罪犯之分，更造成了杰出与平庸之别，而造成这些区别的基本原因之一就是行为习惯的不同。

因此，一种行为习惯往往会伴随人的一生，不同的习惯对人的影响也截然不同。习惯一旦养成，人就会不自觉地在这个轨道上运行，经年累月地影响着他们的品德，左右着他们的成败。

二、培养良好的行为习惯

习惯是一种自动化的、稳定的行为，一经形成就会成为人的第二天性。良好的行为习惯一旦形成就会成为人的一种稳定的行为方式，它们将在人的一生中发挥重要的作用。良好的行为习惯成为人不断进步的动力源泉，其中包含文明习惯、遵纪习惯、生活习惯、工作习惯等。

（一）文明习惯

一个人素质的高低与文明习惯有着直接的关系。文明习惯主要包括仪表、用语、待人接物、卫生等方面的习惯。培养文明习惯是学会做人的开始。

（二）遵纪习惯

纪律是文明的标志，也是公共生活的行为规则。遵规守纪是形成良好素质的必要条件。没有纪律也就没有自由，要自由就必须遵规守纪。

（三）生活习惯

有规律、有节奏的生活能提高人们的工作效率和学习效率。懂得珍惜时间、劳逸结合的生活才能得到事半功倍的效果。

（四）工作习惯

工作就是改造自身周围环境。职业院校学生在学习和生活中要培养吃苦耐劳、克服困难的精神。面对即将踏上的工作岗位，只有培养出良好的工作习惯才能够在激烈的竞争中求得生存和发展。

总之，职业院校学生如果养成一系列做人、做事和学习方面的基本良好行为习惯，必然终身受用，成为自身可持续发展的重要力量。

因为，对于职业院校学生而言，要成为一名高素质的员工需要具备一系列基本素质。基本素质就是在人身上表现出来的稳定的、自然的品质和行为。基本素质包含的内容是多方面的，有相当一部分表现为一系列基本的行为习惯。因此，培养职业院校学生优秀的品质，必须从养成良好的行为习惯开始。良好的行为习惯是能力和素质的生长点，为职业院校学生的全面发展提供了支撑的平台。

学习国学经典《弟子规》

训练目的：

学习国学经典《弟子规》，了解古代行为规范要求，对比现代企业对员工的规范，对照约束自己的言行。

训练组织：

抄写并背诵《弟子规》。

弟子规（总叙）

弟子规 圣人训 首孝悌 次谨信 泛爱众 而亲仁 有余力 则学文

（入则孝）

父母呼 应勿缓 父母命 行勿懒 父母教 须敬听 父母责 须顺承 冬则温夏则凊 晨则省 昏则定 出必告 反必面 居有常 业无变 事虽小 勿擅为 苟擅为 子道亏 物虽小 勿私藏 苟私藏 亲心伤 亲所好 力为具 亲所恶 谨为去身有伤 贻亲忧 德有伤 贻亲羞 亲爱我 孝何难 亲憎我 孝方贤

亲有过 谏使更 怡吾色 柔吾声 谏不入 悦复谏 号泣随 挞无怨 亲有疾药先尝 昼夜侍 不离床 丧三年 常悲咽 居处变 酒肉绝 丧尽礼 祭尽诚 事死者 如事生

（出则弟）

兄道友 弟道恭 兄弟睦 孝在中 财物轻 怨何生 言语忍 忿自泯 或饮食或坐走 长者先 幼者后 长呼人 即代叫 人不在 己即到 称尊长 勿呼名 对尊长 勿见能 路遇长 疾趋揖 长无言 退恭立 骑下马 乘下车 过犹待 百步余

长者立 幼勿坐 长者坐 命乃坐 尊长前 声要低 低不闻 却非宜 近必趋退必迟 问起对 视勿移

事诸父 如事父 事诸兄 如事兄

（谨）

朝起早 夜眠迟 老易至 惜此时 晨必盥 兼漱口 便溺回 辄净手 冠必正 纽必结 袜与履 俱紧切 置冠服 有定位 勿乱顿 致污秽 衣贵洁 不贵华 上循分 下称家 对饮食 勿拣择 食适可 勿过则 年方少 勿饮酒 饮酒醉 最为丑

步从容 立端正 揖深圆 拜恭敬 勿践阈 勿跛倚 勿箕踞 勿摇髀 缓揭帘 勿有声 宽转弯 勿触棱 执虚器 如执盈 入虚室 如有人 事勿忙 忙多错 勿畏难 勿轻略 斗闹场 绝勿近 邪僻事 绝勿问 将入门 问孰存 将上堂 声必扬 人问谁 对以名 吾与我 不分明 用人物 须明求 倘不问 即为偷 借人物 及时还 后有急 借不难

（信）

凡出言 信为先 诈与妄 奚可焉 话说多 不如少 惟其是 勿佞巧 奸巧语 秽污词 市井气 切戒之

见未真 勿轻言 知未的 勿轻传 事非宜 勿轻诺 苟轻诺 进退错 凡道字 重且舒 勿急疾 勿模糊 彼说长 此说短 不关己 莫闲管 见人善 即思齐 纵去远 以渐跻 见人恶 即内省

有则改 无加警 唯德学 唯才艺 不如人 当自砺 若衣服 若饮食 不如人 勿生戚 闻过怒 闻誉乐 损友来 益友却 闻誉恐 闻过欣 直谅士 渐相亲 无心非 名为错 有心非 名为恶 过能改 归于无 倘掩饰 增一辜

（泛爱众）

凡是人 皆须爱 天同覆 地同载

行高者 名自高 人所重 非貌高 才大者 望自大 人所服 非言大 己有能 勿自私 人所能 勿轻訾 勿谄富 勿骄贫 勿厌故 勿喜新 人不闲 勿事搅 人不安 勿话扰

人有短 切莫揭 人有私 切莫说 道人善 即是善 人知之 愈思勉 扬人恶 既是恶 疾之甚 祸且作 善相劝 德皆建 过不规 道两亏 凡取与 贵分晓 与宜多 取宜少 将加人 先问己 己不欲 即速已 恩欲报 怨欲忘 报怨短 报恩长

待婢仆 身贵端 虽贵端 慈而宽 势服人 心不然 理服人 方无言

（亲仁）

同是人 类不齐 流俗众 仁者希 果仁者 人多畏 言不讳 色不媚 能亲仁 无限好 德日进 过日少 不亲仁 无限害 小人进 百事坏

（余力学文）

不力行 但学文 长浮华 成何人 但力行 不学文 任己见 昧理真 读书法 有三到 心眼口 信皆要 方读此 勿慕彼 此未终 彼勿起 宽为限 紧用功 工夫到 滞塞通 心有疑 随札记 就人问 求确义 房室清 墙壁净 几案洁 笔砚正 墨磨偏 心不端 字不敬 心先病 列典籍 有定处 读看毕 还原处 虽有急 卷束齐 有缺坏 就补之 非圣书 屏勿视 敝聪明 坏心志 勿自暴 勿自弃 圣与贤 可驯致

训练考核：

根据《弟子规》的解释归类，在下表中填写原文。

内　容	《弟子规》原文
家庭和睦	例如：［冬则温、夏则凊、晨则省、昏则定］［出必告、反必面、居有常、业无变］［亲所好、力为具、亲所恶、谨为去］
自食其力	
独立自主	
学习习惯	
行为习惯	
卫生习惯	
礼仪规范	

三、学会自我管理

名人名言

孩子成功教育从好习惯培养开始。

——巴金

30 天行动改善计划

训练目的：

制订一个 30 天的行动改善计划。

训练组织：

你可以在计划的标题下填入 30 天内必须做到的事情，30 天以后再检查一下进度，并再次建立新的目标。

比如，你可以在你的计划中写上以下一些内容。

1．改掉这些习惯

1）不按时完成各种事情；

2）消极性的话语；

3）看电视超过 60 分钟；

4）无意义的闲聊。

2．养成这些习惯

1）每天早上出门前检查一下自己的仪表；

2）每天的工作都在前一天的晚上计划好；

3）学会赞美别人。

3．用这些方法来增加学习效率

1）尽量发掘自己的工作潜力；

2）进一步学习各方面知识；

3）提出三项改善自我的建议。

4．用这些方法来增进和谐

1）对父母为你做的小事表示更大的谢意，不可像往常一样认为理所当然；

2）每周一次与朋友做有意义的活动；

3）每天固定安排 1 小时和家人相处在一起。

5．用这些方法来修养性情

1）每周花两个小时阅读自己本专业的杂志；

2）阅读 1 本励志书籍；

3）结交 4 个新朋友；

4）每天静静思考 30 分钟。

训练考核：

改善计划实施 30 天后由教师考核完成情况。

任务实施

案例讨论

有一天，一只老钟对一只小钟说：“你一年里要摆 525 600 下啦。”

小钟吓坏了，说“哇，这么多，这怎么可能？！我怎么能完成那么多下呢！”

这时候，另一只老钟笑着说：“不用怕，你只需一秒钟摆一下，每一秒坚持下来就可以了。”

小钟高兴了，想着：一秒钟摆一下好像并不难啊，试试看吧。果然，很轻松地就摆了一下。

不知不觉一年过去了，小钟已经摆了 525 600 下！

讨论：

是的，要实现大目标，必须先从小目标开始。那么，你的大目标是什么呢？该从哪些小目标开始呢？

拓展阅读与思考

一鸣惊人

战国时代，齐国有一个名叫淳于髡的人，他的口才很好，常常用一些有趣的隐语来规劝君王，使君王不但不生气，而且还很乐于接受。当时齐国的大王，本来是一个很有才智的君主，但是，在他即位以后，每天只知道饮酒作乐，而把一切政事都交给大臣去办理，自己却不闻不问，使得齐国越来越弱。虽然，齐国的一些爱国之人都很担心，但是，大家都因为畏惧齐王，没有人敢出来劝谏。有一天，淳于髡见到了齐威王，就对他说："大王，臣有一个谜语想请您猜一猜：'齐国有只大鸟，住在大王的宫廷中，已经整整三年了，可是他既不振翅飞翔，也不发声鸣叫，只是毫无目的地蜷俯着。'大王您猜，这是一只什么鸟呢？"齐威王本是一个聪明人，一听就知道淳于髡是在讽刺自己，像那只大鸟一样，身为一国之尊，却毫无作为，只知道享乐。于是，他沉思了一会儿，便毅然决定要改过，振作起来，做一番轰轰烈烈的事，因此他对淳于髡说："嗯，这一只大鸟，你不知道，它不飞则已，一飞就会冲到天上去；它不鸣则已，一鸣就会惊动众人。你慢慢等着瞧吧！"从此，齐威王不再沉迷于饮酒作乐，开始整顿政治和军事。全国上下很快就振作起来，到处充满蓬勃的朝气。临国不但不敢再来侵犯，甚至还把原先侵占的土地都归还给齐国。齐威王的这一番作为，真可谓是"一鸣惊人"呀！

学习与探究

学生阐述观点：

教师点评观点：

学生进行总结：

项目八　爱护环境，持续发展

任务一　地球母亲，需要救助

学习目标

◈ 认识我们所处的环境
◈ 了解人与自然的关系
◈ 了解环境危机

案例引导

1969 年，美国民主党参议员盖洛德·尼尔森提议在全美高校举办环保问题讲演会，时年 25 岁的哈佛大学法学院学生海斯由此提出在全美展开大规模社区活动的具体构想，得到众多青年学生的支持。1970 年 4 月 22 日这一天，全美国有上万所中小学，两千所高等院校和两千个社区及各大团体共计两千多万人走上街头。人们高举着受污染的地球模型、巨画、图表，高喊着保护环境的口号，举行游行、集会和演讲，呼吁政府采取措施保护环境。这次规模盛大的活动，促使美国政府于 20 世纪 70 年代初通过了水污染控制法和清洁大气法的修正案，并成立了美国环保局。从此，美国民间组织提议把 4 月 22 日定为“地球日”，它的影响随着环境保护的发展而日趋扩大并超过了美国国界，得到了世界许多国家的积极响应。

由于环境保护问题已成为国际政治的热点，1990 年的“地球日”活动组织者们决定，要使 1990 年的“地球日”成为第一个国际性的“地球日”，以促使全球亿万民众都来积极地参与环境保护。为此，“地球日”活动的组织者致函中国、美国、英国三国领导人和联合国秘书长，呼吁以 1990 年 4 月 22 日为目标日期，举行高级会晤，为缔结多边条约奠定基础。呼吁各国采取积极步骤，达成协议，以阻止和扭转全球环境恶化趋势的发展。同时呼吁全世界愿意致力保护环境，进行国际合作的政府，在本国举办“地球日”20 周年庆祝活动。庆祝“地球日”20 周年活动的呼吁，得到了五大洲各国和各种团体的热烈响应和积极支持。1990 年 4 月 22 日这一天，全世界有 100 多个国家举行了各种各样的环境保护宣传活动，参加人数达几亿人。从那时起，“地球日”才具有国际性，成为“世界地球日”。

一、认识我们所处的环境

宇宙是由无数颗日月星辰共同构成的，所有这些星辰都有自己固定运行的轨迹，它们相互排斥却又相互吸引，互不干涉却又彼此辉映，共同成就一个璀璨而迷人的星空。在这些星球中，有一颗异常美丽而神奇。说它美丽是因为她有一个蓝色的大气层环绕着，让她更像一颗闪闪发光的蓝宝石。说它神奇是因为在它的表面分布着密密麻麻的山川与河流，借助这些山川与河流无数生灵得以繁衍生息，这就是被人类称作母亲的地球。

截至到目前为止，我们人类还没有发现第二颗拥有和地球相同禀赋并可以作为我们永久家园的星体，就算有，几万亿甚至几十万亿光年的距离也会因无法涉足而徒增我们的叹息。

作为地球上的一个公民我们无疑是幸运的，能够成为地球上万物之灵长更是幸运的，地球母亲以其无私的爱为我们提供衣食住行等必备的生活资料，又以其自身的壮美陶冶着我们的情操磨炼着我们的意志启迪着我们的智慧。我们所拥有的一切都是地球母亲的馈赠。

拓展阅读

地球我的母亲（节选）

郭沫若

地球，我的母亲！／天已黎明了，／你把你怀中的儿来摇醒，／我现在正在你背上匍行。／地球，我的母亲！／我背负着我在这乐园中逍遥。／你还在那海洋里面，/奏出些音乐来，/安慰我的灵魂。/地球，我的母亲！/我过去，现在，未来，/食的是你，衣的是你，住的是你，/我要怎么样才能够报答你的深恩？/地球，我的母亲！/从今后我不愿常在家中居处，我要常在这开旷的空气里面，/对于你，表示我的孝心。/地球，我的母亲！/我羡慕的是你的孝子，/那田地里的农人，/他们是全人类的保母，/你是时常地爱顾他们。/地球，我的母亲！/我羡慕的是你的宠子，/那炭坑里的工人，/他们是全人类的 Prometheus，/你是时常地怀抱着他们。/地球，我的母亲！/我想除了农工而外，/一切的人都是不肖的儿孙，/我也是你不肖的子孙。/地球，我的母亲！/我羡慕那一切的草木，/我的同胞，你的儿孙，/他们自由地，自主地，随分地，健康地，/享受着他们的赋生。/地球，我的母亲！/我羡慕那一切的动物，/尤其是蚯蚓——/我只不羡慕那空中的飞鸟：/他们离了你要在空中飞行。/地球，我的母亲！/我不愿在空中飞行，/我也不愿坐车，乘马，著袜，穿鞋，/我只愿赤裸着我的双脚，永远和你相亲……

二、人与自然的关系

人与自然究竟是一种什么样的关系，人与人之间的关系又该如何定位？这是一个一直困扰我们的大问题。过去，在人定胜天的错误思想指导下我们把自然界看做我们的对立面加以改造，把战胜自然、改造自然并不断提高物质资料的获取能力当成人类进步的唯一标志，于是向自然不断索取便成了天经地义的行为，人们固执地认为地球上有取之不尽用之不竭的资源，于是人们便无视地球的承受能力开始无节制发展。在这种错误思想的指导下，对自然的过度索取已经演变成一场场疯狂的劫难，过度放牧使草原出现沙化，乱砍滥伐让森林成片消失，过度排放造成温室效应，从而使冰川融化，淡水短缺，过度开采让有限的石油矿藏濒于枯竭，更有甚者不顾地球的承受能力将千万吨废气送到天空，又把数亿吨垃圾倒进江海。大量事实表明，由于人类的非理性行为，地球的底线已经面临突破，一串串触目惊心的数字让我们终于醒悟：人类只是自然体系中一个不可或缺的环节，人与环境的关系不是主仆关系而是伙伴关系。作为伙伴，人类对自然环境的演替与进化发生作用的同时，我们也要受到自然规律的总体制约，我们不该片面夸大人的主观能动性，忽略大自然的反制作用，更不该放纵人性而把人的一切需求都合理化。“人与自然协同进化”应当成为人类发展与进步永恒的坐标。

三、环境危机就在我们身边

经济社会的蓬勃发展除了带给人类更多的福祉，也对自然生态产生过多的干预从而加深了人与自然的矛盾，如果人类不能在有限的时间内调整自己的增长方式，环境危机就会演变成一场场的疯狂的劫难，将人类再次拖入苦难的深渊。

（1）人口爆炸。据联合国人口基金会2010年10月20日发表的《2010年世界人口状况报告》预测，到2050年，世界人口将从目前的69.09亿增至91.5亿，增加22.41亿，人口过亿的国家将增至17个。人是物质财富的创造者，也是物质财富的主要享用者，当人类的需求超过地球的供养能力，环境与人的矛盾便会进一步恶化。为了避免灾难的降临，人类一方面需要控制人口数量的过度增长，同时也该树立科学的消费理念，让人与环境和谐共生。

（2）耕地减少。人类赖以生存的最主要物质资料是粮食，而粮食生产是以适合耕作的土地做支撑的。由于人口的急剧膨胀、建设用地的不断增加，适合耕种的土地也在不断的缩减。据有关专家统计，近30年来，全球人均耕地面积已从0.33公顷降至0.22公顷。作为全球最大的人口国，中国用全球7%的耕地养活了世界22%的人口，成功解决13亿人口的吃饭问题，这不能不说是一个奇迹。但令人不安的是，我国耕地已从1996年的19.5亿亩降至2003年18.5亿亩。我国人均耕地也从新中国成立时的2.5亩降至现在的1.38亩。2008年《全国土地利用总体规划纲要》提出，到2020年全国耕地保持在18.05亿亩。但是，各种非农业占用正冲击着18亿亩“红线”。一连串触目惊心的数字告诉我们，如果不能保护好我们赖以生存的土地，饥饿与贫穷还会再次来到我们身边。

（3）土地沙化日益严重。人类赖以生存的物质资料除了粮食，还有水。人体70%由水构成，水是生命存在的必要条件。随着人类活动半径的进一步延伸，对水资源的破坏也成愈演愈烈之势。森林被大量砍伐，失去了涵养水源的功能，草场遭到严重破坏，让地表水过量流失。由于缺乏水资源的涵养，土地沙漠化和次生盐碱化已经危及到我们的生活并进一步危及到我们的生存。据有关部门统计：世界沙漠和沙漠化面积已达 4 700 多万千米^2，占陆地面积的 30%，而且还在以每年 600 万公顷的速度扩大着。多么可怕的数字！当我们埋怨沙尘暴带给我们的不便时，我们可曾想到灾难的元凶原来就是我们自己。

（4）资源匮乏。工业文明依赖的主要是非再生资源（如金属矿、煤、石油、天然气等）和水资源。遗憾的是，相对于汹涌澎湃的工业化进程，我们所拥有非再生资源却在不断的枯竭。例如，我国 70%以上城市日缺水 1 000 多万吨，约有 3 亿亩耕地遭受干旱威胁。由于常年使用地下水，造成水位每年下降 2 米。

（5）环境污染日益严重。大量事实表明，我们人类的生存环境正在以前所未有的速度不断恶化。对于空气污染、水污染我们已经给予足够的关注，但是随着工业化进程的不断加快，对噪声污染、固体污染、农药污染、核污染的防治也已提上议程。由于工业化过程中大量燃烧煤、石油，造成二氧化碳大量增加，因而造成温室效应，其后果必然是气候反常，影响工农业生产和人类生活。据统计，由于氟利昂作为制冷剂的大量使用，使南极臭氧空洞不断扩大。使南极春天臭氧层比 15 年前已变薄 50%，地球温度上升 2.7～8.1℃。没有清洁的水源和洁净的空气，我们的幸福又从何谈起呢？

（6）物种灭绝和森林面积大量减少。据有关专家统计，由于过量砍伐和燃烧，热带雨林每年减少 4 200 英亩，按这个速度，到 2030 年将消失殆尽。另据估计，地球表面最初有 67 亿公顷森林，陆地 60%的面积由森林覆盖。到 80 年代已下降到 26.4 亿公顷。由于丛林减少，使得地球上每天有 50～100 种生物灭绝，其中大多数我们连名字都不知道。多么可怕的数字！他告诉我们：如果人类对自己的贪婪不加阻止，下一个灭绝的物种，有可能就是我们自己。

拓展阅读

哭泣的胡杨

在辽阔而雄浑的鄂尔多斯高原上，有一个美丽的地方一额济纳，那里生长着一种神奇的树，生而三千年不死，死而三千年不倒，倒而三千年不朽，这就是胡杨。

三百年前，这些胡杨曾是这片土地的主人，三百年后，它却成了这里绿色生命消失的最后见证者。

在距离额济纳旗旗政府所在地——达来呼布镇西南 28 公里处有一片荒漠洼地，那里曾经是一片水草丰美的地方，湖水湛蓝，草场青青。每到秋天，胡杨树那金灿灿的叶子会把草原渲染成一片金黄，遗憾的是，这美景已经成为美丽的过往。

额济纳的降水量本来就不多，主要依靠这些胡杨林来涵养水源，但是，随着人口增加、过度放牧和无节制的乱砍滥伐，使这里脆弱的生态很快失去保护。土地荒芜，水源改道，当这些胡杨耗尽体内最后一滴水后集体死去时，昔日的繁茂一夜间演变成痛彻心扉的荒芜。如今来到这里，看到的将是另外一种景象，裸露的沙丘上，一株株死去的胡杨迎风肃立，它们或仰天长啸、或怒目圆睁、或旁逸斜出、或慷慨赴死。举目四望，悄然无声的洼地里，处处写满了苍凉。一树树断干残枝，似乎在诉说着胡杨们对美好过去的无限眷恋与告别尘世的不尽忧伤，奇形怪状的造型更像是一首没有主题、凄凉无助的挽歌，与时隐时现的羌笛含悲混响。

任务实施

案例讨论

20 世纪 50 年代，中国出了个著名的伐木英雄，他一年的工作量是别人的几倍，并因此而受到国家领导人的多次接见，他就是黑龙江省铁力林业局伐木工马永顺。在马老几十年的伐木生涯中，没有人知道他究竟伐掉了多少棵树，只知道在他忘我的工作中，青山变秃了，树木变矮了，河水变浑浊了，鸟叫声再也没有以前悦耳了。面对着不断恶化的生存环境，马老坐不住了，深深的自责一直搅扰着他的心，于是他开始行动，在他伐过树的山坡上，人们时常会看见一位老人，肩上扛着镐头，手里提着树苗，日夜奋战在植树造林的活动中，他不但自己植树，还动员自己的后代一同植树。在马家军的带领下，铁力林业局已掀起了群众性营建劳模林、青年林、少年林以及自费造林的高潮。如今，林业局的山又变绿了，河水开始变清了，多年不见得鸟儿又飞回来了，而我们的造林英雄却于2000年2月10日长眠于地下。“青山常在，永续利用”马老的一生都在实践着周总理的这一教导，他虽然离去了，但他的“生命不息、造林不止”的新愚公精神却薪火不断、代代相传。

讨论：

是什么动力促使马永顺老人由一个伐木英雄转变为造林英雄？林场周边的河流由清变浊，又由浊变清说明了什么？

任务二　爱护环境，从我做起

学习目标

◇ 认识可持续发展

◇ 了解个人应如何爱护环境

1952年12月5日开始，伦敦连续数日寂静无风。当时伦敦冬季多使用燃煤采暖，市区内还分布有许多以煤为主要能源的火力发电站。由于逆温层的作用，煤炭燃烧产生的二氧化碳、一氧化碳、二氧化硫、粉尘等气体与污染物在城市上空蓄积，引发了连续数日的大雾天气。大批航班取消；白天汽车在公路上行驶都必须打开着大灯；室内音乐会也取消了，因为人们看不见舞台。

当时，伦敦正在举办一场牛展览会，参展的牛只首先对烟雾产生了反应，350 头牛有 52 头严重中毒，14 头奄奄一息，1 头当场死亡。不久伦敦市民也对毒雾产生了反应，许多人感到呼吸困难、眼睛刺痛，发生哮喘、咳嗽等呼吸道症状的病人明显增多，进而死亡率陡增，据史料记载从 12 月 5～8 日，伦敦市死亡人数达 4 000 人。

1952 年 12 月 9 日后，由于天气变化，毒雾逐渐消散，但在此后两个月内，又有近 8 000 人因为烟雾事件而死于呼吸系统疾病。

一、认识可持续发展

可持续发展一词最早出现在 1962 年，是由美国海洋生物学家卡森提出的。把可持续发展作为一种经济增长模式来研究却是 20 世纪 70 年代后的事。20 世纪 70 年代石油危机、环境危机席卷全球，引发了是停止增长还是继续发展的大讨论，讨论的结果，人们普遍认为人类必须用发展的眼光来解决现实存在的问题，于是一个能够兼顾生存与发展的两全概念应运而生，这就是“可持续发展”。最初人们把可持续发展界定为既能满足当代人需求，又不损害后代人满足其需要的一种经济增长方式，进入 80 年代，随着生态危机的进一步恶化，人们又赋予可持续发展以新的内涵。目前人们普遍认为可持续发展应当包括以下几个内涵：

第一，可持续发展是一种长远发展。不管是国家、企业还是家庭、个人都必须约束自己的行为，用长期发展的视角来看待世界和采取行动，尽量避免短视的机会主义行为。在对待人与自然的关系上，可持续发展要求我们在经济建设和社会发展时不能超越自然资源和生态环境的承载能力，要顾及到人与自然之间的公平，坚决杜绝诸如乱砍滥伐、随意开采、任意排放等短视行为，以保证地球自然系统的完整与协调。

第二，可持续发展是一种共同发展。它强调，面对日益恶化的自然环境我们要共同负责，对事关人类命运的大问题我们要共同协商，经济与社会发展的成果我们要共同分享，尽量避免少数人占用、消耗大部分资源现象的出现，在经济与社会发展过程中兼顾地区之间的平衡，各项事业之间的平衡，和不同收入群体之间的平衡，以实现人类社会的均衡发展。

第三，可持续发展是一种公平发展。这里的公平主要包括三层含义：一是代内公平，即同代人应该享有同等的发展机会，要给予全体人民满足基本需求和追求进一步发展的平等机会。二是代际公平，即本代人不能为了满足自己的需求损害下一代甚至世世代代生存与发展的基础与条件。第三个含义是类际公平，地球上的公民不只人类，还有形形色色的动物与植物。不能为了满足人类的一己之私挤占其他族类的生存空间。

第四，可持续发展是一种协调发展。协调发展包括经济、社会、环境三大系统的整体协调，也包括世界、国家和地区三个空间层面的协调，还包括一个国家或地区经济与人口、资源、环境、社会以及内部各个阶层的协调。

第五，可持续发展是一种高效发展。这里的高效既有经济学的含义，又有生态学的含义，可持续发展所强调的高效不仅指经济利益最大还包括对自然环境的伤害最低。它强调一个地区 GDP 的增长不能以牺牲环境为代价，否则便违背了可持续发展的基本原则。

第六，可持续发展是一种多维发展。可持续发展在强调共同性的同时又承认差别，在强调共同责任的同时，又充分考虑到不同国家、不同地区地理、文化、宗教、体制的差异性，在可持续发展这个全球性目标的约束和制导下，各国与各地区、各企业、各组织实体和个人在实施可持续发展战略时，应该从国情、区情、企情、己情出发，走符合自己实际的、多样性、多模式的可持续发展道路；其他的国家、组织和他人，也应尊重别人的选择，而不是过于指责和干涉。

二、个人应如何爱护环境

1．保护环境重在实际行动

保护环境无小事，体现在日常生活的点点滴滴：不随地吐痰、吐口香糖、扔烟头，垃圾、空饮料瓶、食品包装袋放入垃圾箱，不乱扔废旧电池、塑料袋、一次性饭盒等一次性用品，带宠物外出注意捡拾粪便，爱护花草树木，不破坏植被等。一些节约行为也是保护环境，如节约用电就可以减少因发电而产生的污染；节约纸张，少用一次性纸杯、木筷，就可以减少树木砍伐等。这些小事对我们来说只是举手之劳，关键是平时做个有心人，做个热心人，时时用心、处处留意，实实在在地为保护环境做些事情。

2．做环保志愿者

如果你认为关心环保、投入环保只是政府或环保团体的事，与你无关，那你就错了。洁净的空气、幽雅的环境是我们共享的，每个人都应对环境保护尽一份义务。你也许会说，自己不是环保专业，不懂环保知识，职业也和环保无关。你可以做的事情很多，比如参加环保宣传、义务帮助环保组织工作，参加公益活动如筹款、植树等，你可以有很多选择。做环保志愿者在许多国家和地区已经成为一种时尚。据报道，美国 18 岁以上的公民中有 49%做过义务工作，每人平均每周义务工作 4.2 小时，相当于创造了 2 000 亿美元的价值。我国也逐渐有了环保志愿者，如北京林业大学学生志愿守护大雁，“自然之友”组织北京会员到沙漠义务植树等。国外很多大公司在录用人才时，特别注意应征者是否参加环保公益活动，以此判断其责任感和敬业精神。爱护环境，改善环境是我们每个人的事情。

3．认识和保护森林

森林对于人类至关重要，主要表现在：森林提供了供人和动物呼吸的氧气，吸收工业和生活排放的二氧化碳；森林调节地表径流，涵养水源，避免水土流失；森林减低风速、吸附尘埃，吸收硫化物等有毒气体；城市绿化带消纳噪声，降低噪声污染，森林是地球上生命最为活跃的保护生物多样性的重要地区。然而，森林正在迅速消失。如果失去森林、地球生态系统就会崩溃，人类就将无法生存。我国现有森林 1.34 亿公顷，居世界第 5 位，但森林覆盖率仅为 14%，远低于世界平均水平的 27%，居世界第 104 位，属于森林资源贫乏的国家之一。另外，我国森林质量不高，中幼龄树比重大，约占全国林场面积的 71%，人工林中的中幼龄树比重高达 87%；森林资源分布不均，西南、东南、东北多，西北、华北少；森林资源破坏严重，乱砍盗伐屡禁不止；森林灾害频繁，如虫害、风沙等。我们离不开森林，让我们认识到现实的严峻，从重复利用纸张、拒绝使用方便筷开始，保护我们的森林。

任务实施

案例讨论

莱茵河流经瑞士、德国、法国、卢森堡、荷兰等9个欧洲国家，是沿途好几个国家的饮用水源，是世界上管理得最好的一条河，也是世界上人与河流关系处理得最成功的一条河。然而，莱茵河并不是一直就这样好，曾经也号称“欧洲下水道”“欧洲公共厕所”。现在的成功，全因为莱茵河流域各国的有效协调合作。莱茵河由莱茵河保护委员会管理，委员会主席轮流由各成员国的部长担任，但这却是一个民间组织，从来没有制定法律的权力，现在委员会的工作人员仅仅12人。但就是这样一个松散的小组织，却有条不紊地管理着莱茵河。

在没有制定法律的权力，也没有惩罚机制，无权对成员国进行惩罚的前提下，12人之所以能够管好莱茵河，一是各成员国对污染的认识都很明确，认为流域是指一条河的集水区，一个“流域”就是一个大的生态系统，彼此息息相关。二是个体对环保工作的热爱，很多人自愿加入到民间环保组织中来，工作起来自然就热情卖力，不像国内一些环保机构的工作人员，仅仅将环保当作饭碗。三是决策会议少，执行会议多。莱茵河保护委员会的最高决策机构为各国部长参加的全体会议，每年召开一次，决定重大问题，各国分工实施，费用各自承担；但是莱茵河上多个分委员会监管和执行讨论的会议，一年要开70多次，基本上是一周一次，执行效率相当高。四是环保羞耻感在成员国之间起到了至关重要的作用，建议、评论和批评很有效果。

讨论：

从这个案例中你得到了什么启示？

拓展阅读与思考

中国医生写雾霾诗登上美国权威胸科杂志

Bob Dylan 写歌，以词获得 2016 年诺贝尔文学奖。同济大学附属上海市肺科医院胸外科副主任医师赵晓刚写了一首诗，于今年在美国权威胸外科杂志《CHEST》上获得发表，价值比肩学术论文。

这首名为《I Long to be King》（中文翻译为《我要当老大》）的诗歌是一首关于肺部磨砂玻璃影的英文诗歌，发表于美国胸科医师学会（ACCP）创办的世界胸科领域顶级期刊《CHEST》杂志（SCI 收录期刊，影响因子 7.483）。诗歌作者赵晓刚是《CHEST》创刊以来迎来的第一位中国籍医生诗人。

肺部磨砂玻璃影的自白诗:

"我喜欢呼吸醇馥幽香的雾霾"

肺部磨砂玻璃影是我的大名，
朦胧的身影披着神秘与诡异，
……
你笑称幼时的我不典型增生，
你憎称青年的我为原位腺癌，
你咆哮壮年的我为浸润腺癌，
……
我也是从弱小逐渐变得强大，
我也是从隐忍逐渐走向狂放，
……
我喜欢呼吸纯馥幽香的雾霾，
散发着甘甜徐徐融入我身心，
我更喜欢抽烟喝酒熬夜的你，
创造着惬意的家园令我成长。

……

继续成长的我有机会成为老大，
突破层层壁垒、跨越千山万水，
每一根血管都有我的手下子民，
每一处脏器都有我的旌旗招展。

……

（节选自赵晓刚诗歌《我要当老大》）

肺部磨砂玻璃影（ground—glass opacity，简称 GGO）是指高分辨率 CT（high—resolution CT，HRCT）图像上表现为密度轻度增加的云雾状磨砂玻璃样影，但其内的支气管血管束仍可显示，见于各种炎症、水肿、纤维化及肿瘤等病变。此征象常为早期肺部疾患的表现。

《I Long to be King》(《我要当老大》) 是一首肺部磨砂玻璃影的自白诗。诗歌将肺部疾病拟人化，以其自述的视角，完整展现了疾病从小的病灶开始，如何在内外因的共同作用下，狂放与野蛮生长，最终吞噬人体呼吸与健康。

从医生的诗歌中，我们可见，这种最终可能发展为肺癌的病变——肺部磨砂玻璃影对雾霾是真爱："喜欢呼吸纯馥幽香的雾霾"。也就是说，在雾霾等外因条件的助力下，肺部磨砂玻璃影最终可能变成吞噬健康的超级致命杀手。

学习与探究

学生阐述观点：

教师点评观点：

学生进行总结：